JN437882

과학의 지형도

과학의
지형도

고 인 석

이화여자대학교출판부

과학의 지형도

펴낸날 1판 1쇄 2007년 3월 30일
4쇄 2018년 8월 24일
지은이 고인석
펴낸이 김헌민
펴낸곳 이화여자대학교출판문화원
주소 서울특별시 서대문구 이화여대길 52 (우 03760)
등록 1954년 7월 6일 제9-61호
전화 02) 3277-2965(편집), 02) 362-6076(마케팅)
팩스 02-312-4312
전자우편 press@ewha.ac.kr
홈페이지 www.ewhapress.com
편집책임 정경임 | **디자인** (주)이환D&B
찍은곳 (주)현문자현

ISBN 978-89-7300-738-7 03400

값 12,000원

*잘못된 책은 바꾸어 드립니다.

들어가는 말 : 과학의 지형도?

학술적인 내용이 담긴 책에는 두 종류가 있다. 하나는 현재나 아주 가까운 미래의 구체적인 독자군을 향해 저술된 책이고 다른 한 종류는 학문의 역사를 독자삼아 저술된 책이다. 후자는 연구자가 자기 연구의 소산을 인류의 진리 탐구의 역사 앞에 헌정하는 것이다. 전자인 동시에 후자인 책들도 있을 것이고, 훌륭한 학술서라면 아마 두 가지 성격을 어느 정도는 겸하고 있을 것이다.

이 책은 전자를 지향한다. 저자는 여기서 고유하고 본래적인 의미의 학문적 기여를 목표로 하지 않는다. 반면에 이 책은 무엇보다도 소통(communication)을 위한 책이다. 우선 읽는 이 자신의 머릿속에서, 독자들 상호간에, 그리고 그들이 개입하고 있거나 장차 개입하게 될 전문가들의 세계 전체의 수준에서 필자는 이 책이 영역들간의 소통과 상호작용을 조금 더 활발하게 만드는 구실을 하기 바란다.

이 책은 과학의 지형도를 주제로 한다. 과학이라는 거대한 땅덩어리의 생김새를 다루려는 것이다. 이 땅은 어떤 부분들로 이루어져 있는지, 어느 부분이 넓고 어디가 좁은지, 어디는 평평하고 어디가 높이 솟아 있는지 살펴보고 따져보려 한다.

과학의 영토는 아주 넓다. '아주 넓다' 는 말이 초라하게 느껴질 만큼 막막하게 넓다. 그런 땅의 생김새를 얇은 책 한 권에 담아내 보겠다고 한다면 실현 불가능한 과욕이고, 아니면 제목만 그럴 듯하게 걸어 놓고 내용은 나몰라라 하겠다는 말밖에 되지 않을 것이다. 이 책은 다른 방식으로 이 문제에 접근한다. 이 책은 독자에게 저자가 그린 완성된 지도 한 장을 건네주려 하지 않는다. 솔직히 말해 저자에게도 그런 지도는 아직 없다. 한편 이 책은 독자에게 과학이라는 영역의 이모저모에 대한 정보와 더불어 과학에 대해 스스로 생각해 보는 기회를 제공할 것이다. 스스로 그것에 대해 생각해 보지 않은 채 습득된 지식은 그것을 가진 사람에게 도움이 되지 않는다. 어떤 공식을 그냥 외운 사람과 그 공식의 각 항이 무엇을 뜻하고 왜 식이 그런 꼴을 띠는지, 교과서에 제시된 예제의 상황이 그 공식과 어떻게 연관되고 있는지, 설령 100% 이해가 되지 않더라도 이모저모로 곰곰이 생각해 본 사람 사이에는 중요한 차이가 생긴다. 공식이 도무지 적용되지 않을 것처럼 보이는 진짜 문제들은 오로지 후자만이 다룰 수 있다.

중 · 고등학교 시절 우리 나라 학생들의 공부 시간과 독서량은 필경 세계 최고일 것이다. 그러나 이런 투자가 진정한 결실을 맺으려면 배우고 익히는 공부에 생각하는 공부가 보완되어야 한다. 사실 제대로 배우고 익히는 길은 생각하는 것인데, 그것을 따로 강조해야 하는 것은 시대적 상황 탓이다. 최근 창조적 사고와 상상력의 중요성이 부쩍 많이 언급된다. 앞으로 더욱 그럴 것이다. 그러나 창조적인 상상력이 무(無)의 바탕 위에서 특별한 방식으로 성장할 수 있는 듯이 생각한다면 틀린 생각이다. 상상력은 읽은 것, 들은 것, 배운 것에 대해 이게 무슨 얘긴가, 정말 그런가, 왜 그런가, 달리 생각할 수는 없는가 하고 스스로 묻고 생각해 보는 데서 싹트고 성장한다.

이 책은 우리가 들어 보았거나 심지어 이미 알고 있(다고 생각하)는 과학 이야기를 다시 끄집어내서 생각해 보도록 유도한다. 한 이야기와 다른 이야기, 한 영역과 다른 영역이 서로 어떻게 연결되는지 묻고, 따져보고, 대답해 볼 것이다. 그러면서 독자 스스로 과학의 지형도를 머릿속에 그려 나가게 되길 기대해 본다.

_왜 과학의 지형도가 문제인가?

오늘날 우리는 좋든 싫든, 의식하든 의식하지 못하든 누구나 과학 기술의 시대를 살아가는 여행자들이다. 과학과 기술은 우리 삶의 다양한 국면과 층위에서 다양한 방식으로 우리에게 영향을 미친다. 과학에 대해 무관심한 채로 살아가는 일은 가능하다. 그러나 과학의 영향권 밖에서 사는 일은 불가능하다. 그렇다면 남은 선택은 자신의 삶에뿐만 아니라 사회 전반에 영향을 미치고, 주요한 사회적 이슈를 제공하며, 때로는 엄청난 부가가치의 원천이 되기도 하는 과학에 대해 어느 정도의 정보와 감각을 가지고 살아갈 것인가 아닌가 하는 문제일 뿐이다. 분명한 것은, 경제 · 행정 · 법률 · 언론 · 문학 · 영화 · 교육 · 산업…… 어느 분야에서든 오늘날의 사회에서 영향력 있는 활약을 펼칠 수 있을 조건으로 과학에 대한 정보와 감각이 핵심적인 요인으로 작용하기 시작했다는 사실이다. 앞으로도 이런 상황은 지속될 것이다.

그러나 우리에게 필요한 것이 정확히 어떤 종류의 정보와 감각인지 짚어내기는 쉽지 않다. 과학을 알아야 한다고? 과학자도 아닐 뿐만 아니라 학교에서 과학은 별로 공들여 배운 일이 없는 사회과학이나 어문학 분야의 전공자에게는 무리한 요구가 아닌가? 맞다. '과학을 안다' 는 말이 과학 이론을 정확히 이해하고 적용할 수 있는 능력 같은 것을 뜻한다면 그것은 분명 무리

한 요구다. 하지만 그것은 사실 노벨상 후보 수준의 일류 과학자에게도 역시 무리한 요구다. 오늘날 'RNA 전사'나 '폴리머 화학'에 정통한 과학자는 있지만 '과학' 전체에 정통한 과학자는 존재하지 않기 때문이다.

여기서 한 가지 언급해 두어야 할 사항은 현대 사회에서 등장하는 중요한 문제 가운데 어느 한 특정 전문 분야의 역량 안에 놓이는 것은 거의 없다는 사실이다. 생명공학 기술의 안전성이나 그것의 윤리적, 법적 함의에 관한 고민도 그렇고 IT 신기술의 거시적 영향에 대한 평가, 대체 에너지원의 개발이나 에너지 생산의 부산물 처리 같은 문제도 그렇다. 따지고 보면 개인의 일상 속에서 발생하는 조그만 문제들도 다 그렇다. 한 남자가 병원에 실려 왔을 때 그의 건강을 회복하는 데 필요한 모든 지식과 기술이 정확히 한 분야의 전문의에게서 나올 수 있는 확률은 1보다 0에 훨씬 가깝다.

그렇다면 모든 상황에서 문제 해결의 전제 조건이 될 것은 문제 상황과 관련된 전문 분야들간의 협력이다. 아주 미시적인 규모에서는 비용과 산출의 경제성을 고려하여 이런 협력이 한 사람의 머릿속이나 책상 위에서 일어날 수도 있다. 이론적으로 말하자면 초·중등 교육 단계에서 여러 개의 교과목을 배우는 것은 이런 까닭에 의미가 있다. 더 거시적인 수준에서 한 기업이나 국가 그리고 세계는 당면한 문제들을 해결하기 위해 다양한 구성의 협력(co-operation)을 필요로 한다. 그리고 이런 협력이 제대로 작동하여 하나의 유효한 해결안이 산출되기 위해서는 상이한 관점과 방법론을 지닌 여러 전문 분야의 시각과 힘을 문제에 알맞은 방식으로 모으고 조정하는 코디네이션이 필요하다.

이런 코디네이션이 모든 전문성을 위에서 한눈에 굽어볼 수 있는 초월적 관점에서 이루어져야 한다고 생각한다면 틀린 생각이다. 그런 능력을 제대로 갖춘 사람은 찾기 어렵고, 따라서 만일 그것이 유일한 길이라면 실현의 전망은 밝지 않다. 그러나 구성원 각자가 자신의 특정한 전문성과 더불어 다음 장에서 거론될 '메타적 조망'의 능력을 가지고 있다면 구성원들 스스로에 의해 코디네이션이 이루어질 수 있다. 그리고 이것이 21세기 사회를 주도하게 될 팀웍의 기본 형태이다.

21세기형 팀웍 속에서 활약하기 위해서 우리가 갖춰야 할 요소는 무엇인가? 그것은 무엇보다도 먼저 고유의 전문성이다. 이 점은 이미 지난 수십 년 동안 충분히 강조되어 왔다. 하지만 한 가지 요소가 더 필요하다. 방금 언급한 코디네이션을 가능하게 하는 메타적 조망의 능력, 다른 말로 표현한다면 문제가 놓인 영역의 지형도를 파악하고 한걸음 더 나아가 그것의 전개를 내다보는 능력이다. 지형도는 전체를 이루고 있는 부분들간의 상호 관계를 함축하고 있다.

"아, A와 B를 하나로 묶으려면 둘 사이에서 그것들을 연결하는 C가 필요하겠구나."

"이번 상황에서는 C와 D가 모두 활용 가능하지만, 둘은 일부 당면 문제의 맥락에서 서로 충돌하기 때문에 둘을 동시에 끌어들이는 것은 현명하지 못하다. 그런데 필수적인 또 하나의 요소 A와의 관계를 고려할 때 C보다는 A와 시너지 효과를 나타낼 D를 활용하는 편이 좋겠다."

우리는 일상 속에서도 늘 이런 판단에 직면하는데, 이런 상황에서 올바른 판단을 내리기 위해서는 지형도의 관점, 즉 머릿속에 상황 전체에 대한 지도를 그리는 것이 필요하다. 우리 나라의 중등 교육은 많은 이들의 마음에 평생 미신과도 같은 '나는 문과'나 '나는 이과'라는 명찰을 달아버리지만, 사실 우리는 굳이 표현하자면 대부분 '문과이과형' 또는 '이과문과형' 인간이다. 앞으로의 사회에서는 수리적 사고에 뛰어난 법률가나 자연과학과 공학의 현황에 밝은 행정 전문가가 눈부신 활약을 보일 것이고, 풍부한 문학적, 예술적 소양을 토대로 자기 생각을 말과 글로 표현하는 데 뛰어난 능력을 지닌 물리학자·생물학자가 동료들을 이끌고 네트워크를 만들면서 그 분야의 주요 인물이 될 것이다.

_지형도를 구성하는 두 가지 관점

필자의 유학 시절에서 제일 흥미로운 지적 자극으로 기억에 남아 있는 것은 매주 목요일 저녁이면 어김없이 6시 15분에 시작되는 철학과의 콜로키움이었다. 거기에서는 다양한 배경을 가진 사람들의 다양한 주제에 걸친 발표와 더불어 발표보다 더 흥미롭게 전개되곤 하는 토론을 경험할 수 있었다. 이 콜로키움에는 독일 학자가 강연자로 초빙되기도 했지만, 자주 다른 나라의 학자들이 와서 발표를 했다. 비독일어권의 발표자 가운데는 미국 학자의 비중이 조금 높은 편이었는데, 나는 거듭되는 경험 속에서 독일 학자들과 미국 학자들 사이에 어떤 사고 유형의 차이 같은 것이 있다고 느끼게 되었었다. 눈에 띈 차이 가운데 하나는 역사를 바라보는 태도였다.

기억나는 예 한 가지. 18세기 영국의 사상가 흄(David Hume)이 주제가 되었던 어느 콜로키움에서 미국 철학자 이어먼(John Earman) 교수의 발표가 끝나자마자 한 독일 교수가 몹시 마음에 들지 않는다는 투로 이의를 제기했다. "당신이 말한 흄은 역사적인 흄과 다릅니다. 몇 년에 발표한 이 저서에서 그는 이러이러하게 말했고 또 그의 저서 어디어디에서는 그 이야기가 다시 이러저러하게 발전되었습니다. 당신의 해석은 흄에 관한 이런 역사적 사실과 부합하지 않습니다." 그러자 이어먼은 속으론 어땠는지 모르겠지만 겉으로는 전혀 개의치 않는다는 듯한 표정으로 대답했다. "나는 역사 속의 흄을 다루려 했던 것이 아닙니다. 다만 나는 흄의 논의에서 발견한 어떤 측면을 내 주장을 효율적으로 표현하는 데 응용한 것일 뿐입니다." 뭐 잘못된 것이라도 있느냐는 듯한 그의 반응에 몇몇 독일 학자들은 쓴웃음을 지었고 한두 사람은 거의 경악을 금치 못한다는 표정을 했다. 독일 학자들에게 역사적 맥락에 관한 질문은 토론을 통해 결말을 짓든가 그렇지 않으면 자신의 무지를 인정해야 하는 중대한 사안으로 인식되고 있었다.

독일인들이 이처럼 문제를 둘러싼 역사적 맥락에 많은 마음을 쓰고 있었다면 미국 학자들은 "그 문제에 대해 최근의 주요한 논문과 저서들은 어떻게 말하고 있느냐?"에 훨씬 큰 비중을 두고 있었다. 그들은 역사에 관해 엉터리 이야기를 하면 큰일이 나는 것처럼 생각하는 독일 학자들과는 달리 최근 그 문제에 관해 발표된 논문이나 저서 가운데 빠뜨리고 검토하지 못한 것이 있으면 큰일 나는 것처럼 여겼다.

나는 독자들을 지형도로 안내하는 과정에서 내가 경험한 이런 두 방향의 강조를 적절히 조화시킬 수 있길 희망한다. 도식적으로 말하자면 그것은 시간의 축을 기준으로 종과 횡을 이루는 두 방향이다. 일반적으로 우리가 '지형도' 라고 말할 때는 '어느 시점(時點)의 지형도' 를 의미하고, 그것은 한 시기에 펼쳐진 영역들간의 횡적 관계를 담아내야 할 것이다. 그러나 그 지형도는 그 시점에 순간적으로 형성된 것이 아니라 오랜 시간에 걸친 발전과 변형의 산물이다. 그리고 중요한 것은 그것이 계속 변화해 간다는 사실이다.

2017년의 시점에서 본 과학의 지형도는 분명 2007년의 그것과 다를 것이다.

공부를 하면서 세월이 흐를수록 역사가 중요하다는 사실, 역사를 아는 것이 힘이 된다는 사실을 실감하게 된다. 오늘 누구누구가 서로 친구이고 누구와 누구는 서로 적대적이며 누구는 누구에 대해 어떤 의존 관계에 있다는 사실을 아는 것은 중요하다. 하지만 그것만을 아는 사람과 "어떻게 해서, 즉 어떤 역사적 과정을 거쳐 오늘의 그런 관계가 성립했는지"를 아는 사람 사이에는 커다란 힘의 차이가 생긴다. 앞으로 관계의 판도가 어떻게 흘러갈지를 내다보는 힘에서 전자는 후자를 따라잡기 어렵다. 그러나 역사에 관한 지식 자체가 우리의 궁극적인 목표라고 하기는 어렵다. 우리는 역사에 대한 지식을 발판으로 오늘을 더 깊이 이해하고 내일을 더 현명하게 구상하는 힘을 얻는다. 그리고 이미 앞에서 역설했듯이 오늘과 내일을 만들어가는 것은 동시대적인 다양한 요소들간의 협력 즉 횡적 관계다.

_덧붙이는 말 : 희망과 변명

이 책은 과학을 별로 좋아하지 않는 사람, 특히 과학이 어떤 것인지 느껴볼 기회조차 변변히 갖지 못한 채 기억도 나지 않는 언젠가부터 과학이 멀게만 느껴졌던 사람을 위한 책이다. "나는 과학이 재미있고, 어디서든 과학에 관한 이야기가 나오면 자신이 있다." 이런 사람이라면 이 책에 돈과 시간을 들이기보다는 성큼 과학사나 과학철학 분야의 전문서 쪽으로 탐색해 들어가길 권한다.

이 책에서 필자는 '오로지 진실만을!' 이라는 원칙보다 '말이 되는 이야기' 를 엮어내 보려는 의도를 좇아 움직였다. 이런 점에서 이 책은 상당 부분 과학의 역사를 다루고 있음에도 불구하고 역사가의 저서가 아니라는 사실을 스스로 드러낸다. 또 이 책은 저자의 전공 분야 덕분에 철학적인 논의의 색채를 여기저기 묻히고 있겠지만, 아주 운이 좋을 경우 '철학적인 요소를 머금은 책' 일 수 있을지언정 철학책은 아니다. 이것은 과학책인가? 오, 그것도 아니다. 다음 장을 읽으면 더 분명해지겠지만 이 책의 관점은 과학자의 그것이 아니다. 이것은 (한때 과학도였던) 저자가 과학자가 아니기 때문은 아니다. 이 책은 과학을 가르치고 배우기 위한 책이 아니라 과학을 바라보면서 과학에 대해 생각하고 나아가 과학을 어느 정도 다룰 수 있도록 하기 위한 고심의 산물이다.

과학을 배우는 것과 별도로 이렇게 과학을 들여다보고 과학에 대해 생각하는 일을 배우고 연습하는 것은 의미 있는 일인가? 필자는 그렇다고 확신한다. 자신의 전문 분야인 과학에 정통한 일류 과학자까지 포함해서 우리는 누구나 과학이라는 이 거대한 땅덩어리의 대부분의 영역에서 낯선 여행자이기 때문이다.

이제 책의 내용을 성실히 배우고 익혀 보겠다는 마음으로가 아니라 소설을 읽으며 그렇게 하듯이 함께 생각하고, 저자에게 던질 물음을 만들고, 때로 내용의 약점을 예리하게 꿰뚫어 꼬집는, 그러나 결과적으로는 세부 사항에 시선을 묶어두기보다 과학이라는 거대한 땅덩어리에 대한 조금 더 친숙한 조망으로 전진하게 되는 독자를 마음으로 기다리며 소망해 본다.

이 책이 구상되고 만들어지기까지 최초의 점화에 해당하는 자극과 지속적인 격려 그리고 다양한 형태의 도움을 주신 분들께, 그 복잡하고 섬세한 인과의 그물을 함께 짜온 분들의 이름을 다 열거하지 못할 것에 대한 두려움을 안고서 깊이 감사드린다. 저자가 시작을 알지도 못하는 여러 해 전부터 대학에서 제공하는 교양은 어때야 할지를 고민하고 준비했던 이화여자대학교 교양교육위원회의 여러 선생님들, 특히 주제통합형 교양교과목의 실현에 진력했던 정대현, 김치수 두 분 교수님께 머리 숙여 감사드린다. 자연과학 영역의 교양교육위원으로서 2004년 가을 「과학의 지형도」 런칭에 중대한 도움을 주신 김성원, 우정원 교수님, 「과학과 문화」라는 탁월한 사례를 통해서 자연과학 영역의 통합적 교양이 접근해 가야 할 하나의 범례(exemplar)를 보여주신 모혜정 교수님, 그리고 3년 가까이 우리 주제통합 팀의 대모 역할을 해오신 정연경 교수님께 감사드린다. 학문적 활동의 차원에서 제멋대로 저자가 벤치마킹 대상으로 삼아온 두 분, 장회익 교수님과 최재천 교수님께도 감사의 마음을 전하고 싶다.

김애령, 조윤경, 홍기령 선생님과 한 장(章)씩 서로의 원고를 돌려 읽으며 나눴던 이야기는 이 작업의 중요한 원동력이었고, 초고에 대한 김애령, 조윤경 두 선생님의 조언은 많은 도움이 되었다. 애정 어린 그 팀웍에 깊이 감사드린다. 동덕여대의 여영서 교수와 문학과지성사 김수영 주간이 보여준 관심과 격려에도 감사드린다.

2004년 9월에 시작된 이화에서의 강의는 저자에게 중요하고 행복한 경험이었고, 이 책의 형성에 결정적인 영향을 미쳤다. 사이버 캠퍼스에서 이루어진 수많은 질문과 토론, 수업에 관한 다양한 대화를 이 책 안에 녹여 넣을 수 있었더라면 훨씬 더 멋진 일이었을 테지만, 저자의 역량이 거기까지 미치지 못했음을 아쉬움으로 고백한다. 여러 학기 동안 수업조교로 저자의 손과 발이 되어 준 이수현, 김진영, 문선희, 박은진, 정지향, 한지영 조교 그리고 박

현정, 오현주, 유원실, 윤선경, 이현진 조교들께 고마운 마음을 전하며, 매 시간 진지하고 열심이 가득한 눈길로 저자를 긴장시켰던 「과학의 지형도」 식구들에게 감사의 마음으로 인사를 전한다. 또 「과학의 지형도」의 바탕에는 저자가 전북대(과학사의 이해), KAIST(과학기술과 철학), 서울대(과학의 철학적 이해), 연세대(과학과 철학), 광운대(사고와 논리), 한양대(과학과 철학) 등에서 진행했던 강의를 수강한 이들과 나눴던 상호작용이 배어들어 있다는 사실도 이 자리를 빌려 밝혀둔다.

마지막 장에 등장하는 코끼리 그림을 사용하도록 허락해 준 Jason Hunt, 여러 장의 삽화를 솜씨 있게 제작해 준 정지영 조교, 그리고 책이 이 모습을 갖추게 되기까지 애써주신 이화여자대학교출판부의 여러 선생님께 감사드린다. 끝으로 늘 그렇듯 조건 없는 사랑과 인내로 저자를 지지해 준 아내와 아이들 그리고 춘천의 부모님께 사랑과 감사의 마음을 전한다.

2007년 2월

고인석

차례

과학이란? : 과학자의 관점과 메타적 관점

01

진짜 과학과 사이비 과학?

과학의 자격 조건은 실험!?

과학적인 물음과 메타적 물음

빈 학단의 논리경험주의

토마스 쿤의 패러다임 이야기

역사로 눈을 돌리면서

앞에서 우리는 '과학의 지형도' 라는 이 책의 제목에 관해 생각해 보았고, '지형도' 라는 제목 때문에 지리에 관한 책이나 유명한 과학자들의 이름이 세계 지도 위에 펼쳐진 이야기책을 상상했다면 잘못 짚은 것이라는 사실을 알게 되었다. 그런데 앞 장은 '지형도' 앞에 있는 '과학' 이라는 말을 따로 설명하지 않았다. 하지만 그런 이유로 인해 뭔가가 빠졌다고 생각한 사람 즉 '과학의 지형도' 라는 제목에서 '과학' 이 뭔지는 왜 설명하지 않느냐는 불만을 가졌던 사람은 드물 것이다.

그것은 자연스러운 일이다. 왜냐하면 우리는 이미 '과학' 이 뭔지 잘 알고 있기 때문이다. 초등학교 5, 6학년만 되어도 과학자와 예술가가 어떻게 다른 사람인지 나름대로 꽤 조리 있게 설명할 줄 안다. 고등학생이라면 과학 안에 물리·화학·생물·지구과학 같은 분야들이 존재한다는 사실을 안다. 또 과학 과목이라면 도무지 들여다보고 싶지 않았던 사람이라도 몸이 아플 때 병원에 가서 체온과 혈압을 점검하고 의사의 소견에 따라 투약이나 수술을 받는 편과 용하다는 무당을 찾아가 신령님께 빌고 굿을 하는 편 가운데 어느 편이 과학적인 일인지 분별할 줄 안다. 하지만 "과학이란 무엇입니까?"라고 물으면 이 물음에 시원하게 대답할 준비가 되어 있는 사람은 별로 없다. 당신은 어떤가? 그리고 이것은 어찌된 일인가?

여기엔 두 가지 문제가 걸려 있다. 하나는 '~란 무엇인가?'라는 물음이 원래 어려운 종류의 물음이라는 점이다. 대표적인 '소크라테스식 물음(Socratic question)' 가운데 하나인 이 'What is X?'는 X자리에 무엇이 들어가든 대개 아주 어려운 물음이 된다. 아이러니컬하게도 그 어려움은 X자리에 우리가 늘 친숙하게 대하는 일상적인 개념이 들어갈수록 더 심화된다. 예를 들어보자. 의자란 무엇인가? "그 위에 사람이 걸터앉을 수 있는 물건"이라고 하면 등산길에 만난 나지막한 바위덩어리도 의자가 된다. 바위와 의자를 구분하기 어렵게 되는 일을 피하려고 "아니, 의자는 그 위에 사람이 걸터앉을 수 있는 가구!"라고 대답을 수정하면 이번엔 '가구'를 규정해야 하는 난관 속에 발을 들여놓게 된다. 또 만일 내가 가구의 일종인 책상 위에 걸터앉으면 그 책상은 이제 의자인가? 간단한 예만으로도

우리는 'X란 무엇인가?' 라는 물음이 생각보다 까다롭다는 사실을 실감할 수 있다. X 자리에 '과학' 이 와도 그렇다.

또 한 가지 문제는 과학이 대단히 복잡한 특성과 다양한 면모를 지닌 복합체라는 점이다. 우리는 '사회과학' 이라는 개념을 알고 있다. 경제학이나 정치학·사회학 같은 분야들은 사회과학의 영역에 속한다. 뿐만 아니라 오늘날 '과학' 이라는 개념은 그런 온갖 곳에 붙어서 모든 것을 과학의 영역으로 끌어들일 채비를 하고 있다. 공학은 어떤가? 물론 공학도 과학의 한 영역이다. 이때 누군가 "아니다, 공학과 과학은 엄연히 다르다!" 라고 대꾸한다면, 그런 반응의 바탕에는 필경 '좁은 의미의 과학' 이라는 개념이 깔려 있다. 또 최초의 학문 분류 체계라고 할 아리스토텔레스의 학문 분류에서도 '포이에티케 에피스테메' 즉 '제작학'[1]의 범주는 오늘날의 공학을 포함하고 있는 셈이었다.

필자가 '과학' 과 '학문' 을 같은 범위의 개념으로 놓고 서술한다는 인상을 받았다면 옳게 본 것이다. 우리말 '과학' 도 그렇지만, 오늘날 'science' 는 탐구의 대상을 막론하고 모든 종류의 체계적, 학술적 탐구에 적용되는 개념으로 사용되고 있다. 과학이 이렇게 넓은 범위에 걸쳐져 있고 다양한 측면을 지닌 체계라면 그것을 규정하는 일이 간단할 리는 없겠다.

_진짜 과학과 사이비 과학?

앞의 논의에서 '과학' 의 범위가 생각보다 훨씬 넓다고 느끼게 된 독자들도 많을 것이

1 아리스토텔레스의 이 범주에는 의자를 만드는 데 사용되는 목수의 지식 같은 요소뿐만 아니라 시를 짓거나 예술 작품을 창작하는 데 필요한 능력도 포함된다.

다. 하지만 그렇다면 이름에 '—학'이라는 꼬리가 붙어 있는 경우 모두 과학이라고 볼 수 있는 것일까? 우리 주변에서 여전히 어렵지 않게 접할 수 있는 예로 '운명철학'이나 '성명학(姓名學)' 같은 것은 어떤가? 풍수지리라는 말 뒤에는 '—학'이 어울리는가 아니면 '—설'이 더 잘 어울리는가? 만일 전자라면 그것을 과학으로 인정하는 셈이고 후자라면 아닌가? 또 다른 아주 까다로운 예로 '창조과학'은 어떤가?

각각의 사례에 대해 판단을 내리고 그 근거를 대는 일은 상당한 지적 도전이겠지만, 비교적 쉽게 말할 수 있는 사실은 '—학'이라는 이름이 붙어 있다고 해서 그것이 지칭하는 체계가 무조건 진정한 과학의 지위를 갖지는 않는다는 점이다. 그렇다면 진짜 과학과 이름만 '과학'일 뿐인 사이비(似-而-非!) 과학을 가려낼 기준은 무엇인가? 굳이 어렵게 '기준'이라는 것을 세우지 않더라도 진짜 과학과 가짜 과학은 직관적으로 가려낼 수 있지 않느냐고 물을 사람도 있을는지 모르겠다. 하지만 그것은 그리 간단치 않다. 만일 ○○학에 대해 어떤 이들은 분명 과학이라 하고 어떤 사람들은 과학이 아니라고 한다면 우리는 어떻게 판단해야 할까?

이 물음에 "각자 자기 생각하고 싶은 대로 하면 된다"는 좋은 대답이 아니다. 어떤 것을 과학으로 인정할 수 있는가에 관한 문제는 사과와 배 가운데 무엇이 더 맛있는가 하는 물음과 달라서, 사회적 판단을 요구하기 때문이다. 현대 사회는 과학을 중시하는 사회, 수많은 판단의 국면에서 그것의 의견을 다른 의견보다 더 존중하고 그런 의견을 구하기 위해 기꺼이 사회적 비용을 지불하는 사회이며, 그런 까닭에 우리는 합의를 도출하기 위해 애쓸 필요가 있다. 진정한 과학과 사이비 과학 혹은 의도적인 속임수가 섞인 악의적인 사이비는 아니라 해도 과학이 되기에는 함량 미달인 사고 체계를 구분하는 일은 단순히 흥미로운 토론거리에 그치지 않고 실질적으로 중요한 사회적 과제가 된다. 오늘날 '과학적이다'라는 평가어는 '객관적이다', '공정하다', '신뢰할 만하다' 같은 덕목들을 포함하거나 그것들과 강하게 결부되어 있는 것으로 간주된다. 만일 과학의 기준이 불분명하다면 그것은 그곳에서 '무엇을 객관적으로 믿을 수 있는지'에 대한 공적 기준을 불분명하게 만드는 효과를 함축한다.

_과학의 자격 조건은 실험!?

칼 세이건은 "물리학과 형이상학의 차이는 (물리학자에게는 실험실이 있는 반면) 형이상학자에게는 실험실이 없다는 것"이라는 말로 과학의 경계를 특징짓는다.[2] 이것은 좋은 단서이다. 실제로 과학자들은 실험이나 관찰을 토대로 사고하고 결론을 내린다. 반면에 점술가가 실험을 하는 일은 보기 어렵다. 그러나 실험의 존재 여부로 과학을 완전히 특징지을 수 있을까? 쉽지 않을 것이다. 우선, 명실상부한 과학자들의 논의 가운데 실험이 아주 어렵거나 심지어 원칙적으로 불가능한 경우도 있다. 예를 들어 우주의 거시적 구조를 다루는 이론이라든가 우주의 기원에 관한 주장이 그럴 것이다. "저는 지난 겨울방학에 블랙홀을 가지고 실험을 하다 왔답니다." 이런 얘기를 하는 사람을 만나면 그 사람 얼굴을 다시 한 번 살펴보게 되지 않을까? 또 '빅뱅(Big Bang)'이라는 말은 대개 들어보았을 테지만, 도대체 우주의 시작이 어땠는지 실험으로 확인할 수가 있을까? 다른 예로, 최근 물리학에서 핵심적인 화두로 등장한 '초끈(superstring)'에 관해서는 물리학자들 중에도 그것이 도무지 실험을 통해 증명될 수 있는 영역이 아닌 것 같다고

2 칼 세이건, 『악령이 출몰하는 세상』, 51쪽 이하.

생각하는 이들이 꽤 많다.

한편 실험을 한다고 해서 모두 과학자가 되는 것은 아닐 테고, 실험이나 관찰을 근거로 주장한다고 해서 모두 과학(적인) 이론이라고 할 수도 없다. 마법사도 자기 집 한구석에서 실험에 몰두할 수 있고, 그것을 토대로 기이한 주장을 펼 수도 있다. 지금은 한물갔지만, 한때 피라미드 형태의 구조물을 만들어 놓고서 그 안에 물건을 두면 피라미드 에너지가 작용하여 갖가지 신비한 효과가 나타난다고 주장하는 '피라미드 과학'은 스스로 상당한 실험적 토대를 가졌다고 공언했었다.

때로는 각각 일련의 관찰이나 실험을 토대로 하는 두 가지 주장이 서로 양립불가능한 형태로 맞서기도 한다. 이런 경우 반드시 어느 하나가 과학적인 주장이고 다른 하나는 비과학적인 주장이라고 단언할 수는 없지만, 적어도 우리는 어느 편이 과학적으로 더 합당한 주장인지 판단해야 할 것이다. 이런 경우 우리는 혹은 과학자들은 어떤 평가의 기준을 적용하는가? 이것은 사실 과학의 현실에서 자주 등장하는 기본적인 문제 상황이지만, 기본적인 문제들이 대개 그렇듯 아주 여러 개의 얼굴을 가진 어려운 주제이기도 하다.[3]

'실험'은 분명 과학을 특징짓는 핵심적인 요소들 중 하나다. 그러나 실험에 사용되는 기구나 실험 기법, 또는 실험실에서 수행되는 조작의 과정 자체가 그런 활동을 과학으로 만든다고는 보기 어렵다. 똑같은 사물을 손에 들고 같은 동작을 한다고 해서 동일한 의미를 갖는 행위가 되지는 않는다. 어떤 아이디어를 가지고 실험을 계획하고 수행하는가, 실험을 구성하는 각 요소는 실험의 목표와 어떻게 연결되어 있나, 실험이 보여

3 뒤에 천문학 이야기에서 천동설과 지동설을 비교하고 화학의 역사에서 플로기스톤 이론과 라브와지에의 대립을 고찰하면서 우리는 이런 문제들을 생각할 기회를 얻을 것이고, 이런 문제에 연관된 몇 가지 관점을 확인하게 될 것이다.

주는 결과로부터 어떤 구조의 사유 과정을 거쳐서 결론을 도출하는가, 실험의 직접적인 결론으로부터 그 실험이 연관된 이론과 해당 전문 분야 전체에 관해 어떤 함의를 어떻게 이끌어내는가. 이런 문제들이 구체적인 실험 행위를 둘러싸고 그것을 고도로 과학적인 활동의 일부분으로 만들기도 하고 어설픈 과학 흉내나 실패한 시도에 그치게 하기도 한다.

_과학적인 물음과 메타적 물음

그런데 여기서 한 가지 물음을 짚어보자. '진정한 과학과 사이비 과학을 가르는 기준은?' 같은 문제를 따지고 결론을 내리는 사람들은 누구일까? '그야 물론 과학자들' 이라고 대답하는 독자들이 꽤 있을 것이다. 그러나 그것은 정확한 대답이 아니다. 과학자들이 이 문제에 관해 가장 정통한 대답을 제공할 만한 자격과 권한을 지닌 사람들이라는 점에는 의심의 여지가 없다. 그러나 무엇보다도, 과학자들은 실제로 이와 같은 문제에 별로 관심을 갖지 않는다. 경우에 따라서 어떤 과학자는 이런 토론에 흥미를 느끼고 끼어들어 전문가로서의 의견을 기꺼이 피력하려 하겠지만, 그런 문제에 골몰하는 것은 적어도 전형적인 과학자의 모습은 아니다.

20세기의 과학사상가 토마스 쿤은 과학자들의 연구 활동을 한마디로 '퍼즐 풀기(puzzle solving)' 라는 개념을 써서 표현했다. 퍼즐 풀기는 조금 더 일상적인 방식으로 표현하자면 문제 풀기(problem solving)이다. 과학자들은 문제를 푸는 사람들이다. 훌륭한 과학자란 다른 사람들이 풀지 못한 문제를 풀어내는 사람, 이미 풀린 문제의 경우라도 이전의 풀이들보다 한결 더 나은 풀이를 만들어내는 사람이다.[4] 그리고 전형적인 과학자라면 그 이외의 일에 관심을 쏟지 않을 것이다.

예를 들어 물리학자는 세상 거의 모든 것이 얼어버릴 온도인 섭씨 영하 270도 부근의 상황에서 나타나는 현상들을 연구하는 일이나 나노탄소튜브처럼 다분히 공학적인 냄새가 나는 일에 대한 연구가 왜 물리학의 몫인지 궁금해 하지 않는다. 화학자는 분자의 성질을 이해하고 예측하기 위해서 왜 물리학 이론인 양자역학을 배워서 적용해야 하는지 따지지 않는다. 전문가들은 그들의 책상 위에 올라온 문제 자체를 어떤 의구심의 대상으로 삼지도 않고, 그들이 그런 문제를 다룰 수 있기 위해 사용하는 방법에 대해서 비판적 검토의 눈을 부릅뜨는 일도 드물다. 그러나 이런 비판적 태도의 결여는 단순히 나쁜 것이라고 하기 어렵다. 과학자들의 이와 같은 태도는 과학에서 연구 역량의 효율적인 집중을 가능케 한다. 문학이나 예술 또는 정치 이론 같은 영역과 달리 자연과학의 영역에서는 빠른 속도로 문제의 해결이 진행되면서 성과가 축적되고, 이와 더불어 문제 해결의 능력이 지속적으로 성장해 간다.[5]

이제 우리는 과학과 관련된 물음에 두 종류가 있다는 사실을 어렴풋이 의식하게 된다. 하나는 과학자들의 물음 즉 '과학적 물음' 이다. 이런 물음을 탐구하는 이의 시선은 자연을 향한다. 과학자는 자연 혹은 세계의 어떤 특정 영역을 들여다본다. 어떤 과학자도 자연 전체를 한꺼번에 관심의 대상으로 삼지 않는다. 대개 전문가일수록 그녀의 시야는 좁게 제한된다. 예를 들자면 과학적 물음은 북태평양의 서쪽 해안 지역에서 나타나는 기상 현상을 탐구하면서

4 이렇게 '더 나은' 방식은 여러 가지가 있다. 예를 들어 더 경제적인 풀이, 이미 인정된 다른 이론들과 더 잘 부합하는 풀이, 또 그 풀이를 응용해서 더 넓은 영역의 문제를 해결하는 데 유용한 힌트를 얻을 수 있는 풀이 등등.

5 『과학혁명의 구조』에서 쿤은 과학의 이런 누적적인 측면과 더불어 '과학 혁명' 이라는 개념으로 포괄되는 중대한 불연속적 변화의 요소를 성공적으로 서술해 냈다.

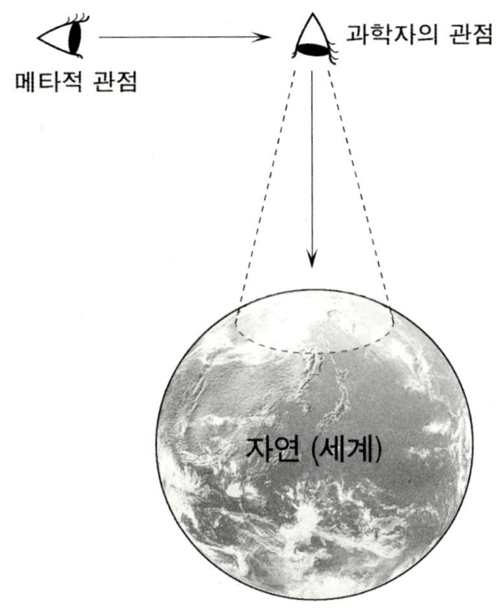

지난 5년간의 기상 현상이 그 이전과 비교하여 어떤 공통점과 특이성을 나타내는지, 그런 특이성의 근원은 무엇인지 같은 문제를 따져든다. (시야의 넓이가 그렇게 제한되는 대신 그녀의 시선은 예리해지고 깊어진다.)

반면 "진정한 과학의 자격 조건은 무엇인가?"라든가 "화학자들이 양자역학을 필요로 한다는 사실은 물리학과 화학의 관계에 대해 무엇을 말해주는가?" 같은 물음들은 분명 어떤 식으론가 과학을 문제삼고 있긴 하지만 자연 현상을 설명하고 예측하려는 시도와는 다른 성격을 지녔다. 한마디로 이런 물음을 따지는 이의 시선은 자연을 향하고 있지 않다. 그녀의 시선은 '과학'을 향하고 있다. 다시 말해 그녀의 관심은 자연이나 자연 현상 자체가 아니라 자연을 탐구하는 전문 활동 그리고 그런 활동의 산물이라고 할 과학 이론 체계에 있다. 우리는 이와 같은 물음들을 세계 혹은 자연 현상 자체를 탐구하는 과학적 물음과 구별하여 '메타적 물음'이라고 부른다.

우리에게 과학은 중요하다. 21세기를 살아가는 어느 누구도 과학 그리고 그것과 서로 강하게 연결된 테크놀로지의 영향권을 벗어날 수 없다. 또 이런 여건 속에서는 '과학을 아는' 사람이 그렇지 못한 사람에 비해 유리한 일도 자연히 많아진다. 그러므로 우리는 과학에 대해서 배울 필요가 있다. 그러나 과학을 배우는 일은 대부분의 사람에게 어렵다. 사실 그것은 과학자들에게도 어렵다. 더구나 자기 전문 분야와 거리가 있는 영역의 과학에 대해서 배우는 일은 보통 사람이 그것을 배우는 것보다 쉽다고 단언할 수 없다. 어떻게 하면 우리는 '과학을 아는 사람'이 될 수 있을까?

나는 당신이 이 일을 메타적 관점에서 시작해 보길 권한다. 이상하게 들릴는지 모르지만 어떤 의미에서는 우리가 전문 과학자보다 과학을 배우기 더 유리한 입장에 있다. 과학자들은 오랜 전문가 훈련의 과정을 통해 습득한 특정한 자연 탐구의 관점을 벗어나기가 오히려 어렵기 때문이다. 과학이라는 넓은 영토 전체를 조망할 수 있으려면 역설적이게도 특정한 전문 영역의 관점으로부터 자유로워질 수 있어야 한다. 방금 한 이야기엔 독자를 격려하는 의미가 담긴 아주 조그만 과장이 섞여 있지만, 결코 궤변은 아니다.

_빈 학단의 논리경험주의

진정한 과학의 자격 조건은 서양 사상의 역사 속에서 여러 형태로 거듭 논의의 주제가 되었다. '에피스테메(episteme)' 즉 참된 지식과 '독사(doxa)' 즉 정당한 근거를 갖지 못하는 견해를 구별하려 했던 고대 그리스인들의 문제 의식으로부터 시작해 베이컨·데카르트·로크·칸트를 비롯한 근대 사상가들의 관심이 그랬고, 수많은 현대 사상가들에게서도 이런 문제 의식은 핵심적인 사항이었다.

여기서는 20세기 초 오스트리아의 빈에서 제시되었던 견해를 소개한다. 1920년대에 빈 학단 혹은 비엔나 학단(Vienna Circle)이라고 불리는 한 무리의 학자들이 있었고, 이 그룹의 핵심적인 관심사가 바로 진정한 과학의 기준을 규정하는 일이었다. 이 모임의 중심에는 슐릭(Moritz Schlick)이라는 철학자가 있었지만 그것은 철학자들의 공부 모임이었다기보다 물리학자·수학자·논리학자·경제학자 등 다양한 배경을 지닌 사람들이 모여 주목할 만한 책을 놓고 토론하거나 회원의 발표에 대해 불꽃 튀는 논쟁을 벌이는 마당이었다. 진정한 과학의 기준이라는 문제에 대한 이 모임의 견해는 '논리실증주의' 혹은 '논리경험주의(Logical Empiricism)' 라는 이름 아래 집약된다. 단순하게 표현하자면 그것은 과학을 과학이게끔 하는 것이 논리와 경험이라는 두 요소라는 생각이었다. 이것은 저 멀리 플라톤과 아리스토텔레스, 그리고 17세기의 베이컨과 데카르트에게서도 끄집어낼 수 있는, 사실 그 중심 생각에 있어서는 새로울 것 없는 전통적인 견해였지만, 이들은 이 기준을 '하나의 문장이 의미를 갖기 위한 조건' 이라는 문제와 결부시키면서 새롭게 체계화했다.

한 문장이 과학적인 문장이기 위한 최소의 조건은 그 문장의 내용이 '참' 임을 증명하는 일이 원칙적으로 가능해야 한다는 것이다. (반드시 이미 참이라고 밝혀졌어야 하는 것은 아니다!) 문장의 내용이 참임을 증명한다는 것은 어떤 일인가? 예를 들어 "삼각형의 내각의 합은 180도"라는 문장을 생각해 보자. 이 문장은 아주 엄격하게 따지자면 약간의 전제 조건이 필요하지만 참이다. 이 문장이 참이라는 사실을 우리는 어떻게 확인할 수 있을까? 혹은 이 문장이 참이라는 사실을 모르고 있는 사람에게 그것을 어떻게 증명해 보일 수 있을까?

두 가지 길을 떠올릴 수 있다. 하나는 자를 대고 삼각형 하나를 그린 뒤에 세 귀퉁이를 오려내고, 그것들을 세 꼭지점이 어떤 직선 위의 한 점에 오도록 모아 보는 것이다.[6] 다른 하나는 삼각형을 그리고 몇 개의 보조선을 그은 뒤에 동위각과 엇각 같은 관계를 통해 삼각형의 세 내각을 합한 것이 결국 직각 두 개를 합한 크기 즉 180도에 해당한다는 것을 보이는 것이다. 후자의 방법을 쓸 때는 전자의 경우와 달리 삼각형을 잘 그리려고 자를 사용하거나 마음을 쓸 필요가 없다. 그리고 수학자라면 "그렇지, 증명은 그렇게 하는 것이지"라고 말할 것이다.

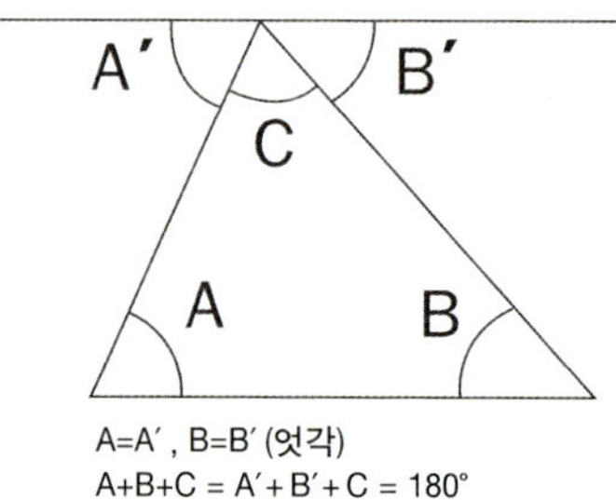

한편 "오리너구리는 새끼가 아니라 알을 낳는다"는 문장은 어떤가? 그것 역시 참이다. 하지만 어떻게 증명할 수 있을까? 종이 위에 오리너구리를 그리고 그 옆에다가 온갖 선과 글씨를 그리고 써 넣더라도 저 문장은 증명되지 않는다. 오리너구리가 알을

6 이런 방식은 실제로 수학 교과서에도 등장하지만 수학적인 증명이라고는 할 수 없다. 다만 그것은 학생들에게 삼각형의 내각의 합(의 크기)에 대한 현실적인 느낌을 준다는 점에서 교육적 의미를 지닐 것이다.

낳는다는 것을 증명하려면 우리는 먼저 오리너구리를 그것도 적당한 암컷을 한 마리 찾지 않으면 안 된다. 그리고 나서는 그 놈을 지켜보아야 한다. 오리너구리가 알을 낳는지 아니면 새끼를 낳는지는 그렇게 실제로 지켜보지 않고는 확인할 길이 없다.

사실 앞의 두 예는 각각 대표적인 '증명'의 방식을 보여준다. 어떤 문장의 내용이 참임을 증명하는 길은 수학적 증명이거나 아니면 실제로 벌어지는 현상을 관찰하는 것 이렇게 두 가지다. 여기서 한 가지, '수학적 증명'이라는 이름으로 불리는 것은 사실 몇 줄의 전제로부터 출발하는 논리적 추론, 더 정확히 말하자면 연역 추론(deductive inference)이라는 사실을 언급해 두자. 이제 우리는 "주어진 문장의 내용이 참임을 증명하는 길은 논리 아니면 경험 아니면 양자의 결합!"[7]이라고 말할 수 있다.

만일 어떤 문장이 관찰이나 실험을 통해서도 또 논리적인 따짐을 통해서도 증명될 수 없다면 어떨까? 그런 경우 빈 학단 사람들은 "그런 문장은 도대체 참임을 증명할 수가 없는 것이고 따라서 과학적인 논의의 범위에 포함시킬 수 없다"고 말할 것이다. 하지만 그런 문장이 있을까? 물론 있다. "신(神)은 시간을 초월한 존재다" 같은 문장은 참인가? "아니다, 신 역시 시간 속에 존재하는 역사적 존재다"라는 문장은 어떤가? 어쩌면 한참 동안 심각하게 따져볼 만한 주제라고 생각할 수도 있을는지 모르지만 빈 학단 사람들이라면 "적어도 과학적인 토론의 주제는 될 수 없다"고 말할 것이다.

과학의 조건에 대한 빈 학단의 견해는 그럴 듯한가? 그들은 너무 당연한 얘기만 하고 있나, 아니면 지나치게 엄격한 기준을 세우고 있나? 만일 그들이 제시한 조건이

7 직접적인 경험을 통해 참임을 확인할 수는 없더라도 경험의 결과들을 논리적으로 재구성함으로써 비로소 증명할 수 있는 경우는 많다. 과학자들의 실험은 사실 대부분 그런 경우에 해당한다.

합당한 것이라면, 과학적인 이야기로 인정받아 마땅한 것들은 모두 그들의 기준을 통과해야 할 것이고 반면에 과학적이지 못한 것들은 예외 없이 탈락해야 할 것이다.

_토마스 쿤의 패러다임 이야기

과학에 대한 메타적 탐구 이야기를 할 때 먼저 생각나는 또 한 사람의 인물은 앞에서 잠시 거론되었던 쿤(Thomas S. Kuhn, 1922~1996)이다. 그는 오늘날 폭넓게 통용되는 '패러다임'의 개념을 유행시킨 사람이고, 그가 패러다임의 개념을 펼쳐 보였던 저서 『과학혁명의 구조(*The Structure of Scientific Revolutions*)』(1962)는 과학에 대한 메타적 탐구의 대표적인 사례라고 할 수 있다. 거기서 쿤은 학문 전체가 아니라 자연과학을 논의의 대상으로 삼았다. 그리고 그는 유독 자연과학에서 그가 패러다임(paradigm)이라고 부르는 것이 형성되어 왔다는 사실을 강조한다. 그리고 그는 패러다임이 과학이 빠르고 효율적인 진보를 이룩하는 데 핵심적인 기반 구실을 했다고 분석했다.

그렇다면 자연과학의 탐구 활동을 인간의 다른 지적 활동과 구분되도록 만드는 패러다임이란 어떤 것인가? '패러다임'은 모형(model)이나 유형(pattern)[8] 혹은 틀(framework)을 뜻하는 그리스어 paradigma에서 유래한 말로, 쿤 이전에도 사전에 들어 있었다. 쿤이 보기에 전문 분야 과학자들의 탐구 활동은 제멋대로가 아

8 쿤은 amo, amas, amat, …이렇게 진행되는 라틴어의 (규칙)동사 변화의 패턴을 예로 든다. amare라는 동사가 그렇게 변화되고 또 그것이 변화의 표준 유형이라는 사실을 배운 학생은 laudare라는 동사를 그 틀에 맞춰 laudo, laudas, laudat 등으로 변화시킬 줄 알게 된다.

니라 어떤 패턴의 기반 위에서 이루어지고 있었다. 과학의 역사에서 과학 발달의 메커니즘뿐만 아니라 과학자들의 실제 행동 양식을 고찰하려고 애쓴 결과, 쿤은 과학자들이 분야마다 상당한 양의 전문 지식뿐만 아니라 그 분야에서 통용되는 개념 체계, 또 중요한 문제를 선별하는 기준이나 문제를 다루는 데 적용하는 방법론, 뿐만 아니라 종종 어떤 암묵적인 신념 같은 것까지 포함하는 다양한 요소들을 공유하고 있다는 사실을 간파했다.

패러다임이란 이처럼 특정한 전문 분야의 과학자들이 그 분야 전문가로서의 활동과 관련하여 공유하고 있는 다양한 요소들의 총체를 가리키는 말이다. 이런 패러다임을 머리로 받아들일 뿐만 아니라 어떤 의미에서 몸 전체가 그것에 자연스럽게 익숙해지지 않고서는 그 분야의 전문가로서 원활한 활동을 영위할 수 없다. (예를 들어 화학의 대부분의 영역에서 화학 실험 도구들을 다루는 기본적인 테크닉은 패러다임에 포함될 것이다.) 대학과 대학원 그리고 박사후연구까지 전문가 교육을 거치는 동안 과학도들은 그 분야의 패러다임을 받아들이고 그것이 자연스러워지도록 숙달하는 과정을 밟아간다.

한편 쿤은 이처럼 커다란 규모의 패러다임 속에서 한 가지 핵심적인 요소를 가려내어 패러다임이라는 개념을 적용하기도 한다. 그 핵심 요소란 해당 분야의 모든 과학자들이 성공적이고도 모범적인 본보기(exemplar)로 인정하는 구체적인 문제풀이의 사례(들)이다. 쿤의 관점에서 볼 때 과학도가 과학자로 성장해 가는 과정의 핵심은 중요한 원리나 법칙들을 추상적인 사고의 수준에서 이해하는 일이 아니라 그런 원리나 법칙이 적용되는 구체적인 사례들을 하나씩 다뤄가면서 차츰 그런 법칙을 기본 도구로 삼아 그 분야의 전문가들이 씨름하는 복잡한 문제를 다룰 수 있는 경지로 접근하는 일이다. 예를 들면 물리학도는 힘이라는 개념을 질량의 정의

(定義)와 가속도 개념을 결부시키는 방식으로 받아들이지 않는다. 그는 빗면을 미끄러져 내려오는 물체, 진자, 용수철에 매달린 물체의 경우 등 교과서에 등장하는 다양한 표준 사례들에 적용해가면서 '아, 이런 식으로 풀면 되는구나!' 하고 깨닫게 된다. 그러면서 그는 점점 더 복잡한 상황에서 힘을 어떻게 기술해야 하는지를 알아차리게 된다.

이와 같은 패러다임은 그것이 존재하는 분야의 전문가들 사이에 어떤 통일성의 기반을 제공한다. 그들은 "무엇이 이 분야에서 중요한 문제들이고 그런 것들을 어떤 방식으로 탐구해야 하는지"와 같은 근본적인 문제에 대한 갑론을박으로 힘을 소모하지 않는다. 패러다임은 그런 요소들에 대한 대답을 이미 함축하고 있다. 이 분야의 전문가로 성장한 사람들은 이미 자연스럽게 패러다임의 관점에서 사물을 보고 패러다임의 언어로 현상을 기술하며 패러다임이 암시하는 방식으로 문제를 해결해 간다.

_역사로 눈을 돌리면서

이제 본격적으로 과학을 들여다볼 때가 되었다. 우리의 목표는 과학 전반의 내용에 통달한 만능 과학자에 다가가는 것이 아니라는 점을 다시 한 번 상기하자. 우리가 할 일은 과학에서 벌어져 온 일들과 과학의 현황을 메타적 관점에서 구경하는 것이다. 과학자들의 고민과 판단, 그 안에 반영된 과학적 사고의 특징, 각 전문 분야의 특성, 전문 분야들간의 상호관계 같은 사항들에 관심을 두는 우리의 메타적 시각은 각 분야에 속한 전문가보다 더 넓은 시야를 가능하게 한다. 바로 전체의 지형도를 조망하는 시야다.

그러나 만일 이런 지형도가 과학 바깥에 있는 사람들만을 위한 것이라는 인상을 주었다면 그것은 오해다. '누구든 세상 거의 모든 곳에서 이방인' 이라는 격언이 생각난다. 얼마 안 되는 넓이의 자기 영역을 벗어나면 우리는 누구나 문외한이다. 늘 다녀서 눈 감고도 익숙한 자기 동네를 벗어나면 누구에게나 지도가 필요한 법이다. 이제 과학의 지형도를 그려보기 시작하자. 출발점은 오늘의 지형도를 만들어 온 과학의 역사다.

과학이 시작되던 장면 : 아르케 물음

02

_ "과학은 언제 어디서 시작되었나?" 라는 물음

어떤 문제를 다루든 주제가 속한 세부 영역의 위치를 막론하고 항상 쓸모 있는 고찰의 포인트는 그 주제에 얽힌 역사다. 즉 어떤 문제든 그것과 관련된 역사를 살펴보면서 생각을, 조사 연구를, 그리고 토론을 시작한다면 그것은 현명한 일이다. 그렇게 함으로써 우리는 일반적으로 쓸데없는 힘의 낭비를 줄일 수 있고, '그럴 듯해 보이지만 실제론 완전히 과녁을 빗나간 결론'을 채택하게 되는 위험을 방지할 수 있다. 뿐만 아니라 우리는 역사를 통해 문제 전반에 대해 더 생생한 느낌을 갖고 그것을 다룰 수 있게 된다. 그리고 이런 느낌이 대단히 중요하다. 진짜 전문가들이 아마추어에 비해 더 가진 것 중에서도 이런 느낌[感]은 핵심적인 항목에 해당한다. 그런데 역사에 대한 고찰의 중요성은 이처럼 아주 중요하고도 명백한 데도 불구하고 종종 망각된다. 사실 필자 역시 고등학생-대학생 시절엔 역사에 대한 지식이나 감각이 그렇게 요긴한 것이라고는 실감하지 못했더랬다.

우리의 주제는 과학이니, 과학의 역사를 들여다볼 필요가 있다. 그리고 역사를 오부지게 들여다보려면 그것이 처음으로 시작한 지점으로부터 출발하는 것이 제일 좋다. 그러므로 이렇게 물으면서 출발하기로 하자.

_ "과학은 언제 시작되었나?"

그런데 이 물음은 어렵다. 물음이 어렵다는 건 무슨 뜻인가? 물론 그 물음에 대답하기가 어렵다는 뜻이다. 이 물음은 왜 대답하기 어려운가? '네이버' 나 '야후' 사이트의 지식검색에 답이 올라와 있지 않기 때문인가? 아니다, 이미 몇 개의 비슷한 질문과 답변이 올라와 있다. 이 물음이 어려운 이유는 '과학' 이라는 개념에 있다. 물음의 중심에 서 있는 '과학' 이라는 개념의 외연(外延)이 명확히 손에 잡히지 않고, 따라서 물음 자체를 분명하게 해석하기가 쉽지 않다. '과학' 을 어떻게 규정하느냐에 따라 대답이 얼마든지 달라질 수 있기 때문이다. 그러므로 "과학은 언제 시작되었나?"라는 물음에 답하기 위해서는 앞 장에서 논의되었던 "과학이란 무엇인가?"라는 물음에 대한 답이 있어야 한다.

과학의 시작을 논하는 지점에서 과학의 범위에 관련된 또 하나의 고민거리가 있다. 분명히 오류였던 이론 즉 자연에 관한 '틀린' 이야기도 과학의 범위에 포함시킬 것인가 하는 문제다. 예를 들어 천동설을 주장했던 사람들의 이야기는 과학의 역사에 포함되는가? 이 물음에는 "당연히 포함된다"고 대답할 사람이 많을 것이다. 또 실제로 과학의 역사를 다룬 책들을 들추어보면 천동설을 비롯해 오늘날엔 더 이상 과학자들의 인정을 받지 못하는 틀린 이론의 이야기가 상당한 몫을 차지하고 있다는 사실을 확인하게 된다. 그러나 천동설은 도대체 왜 과학사 이야기에 포함된 것인가? 그것이 그 자체로 과학 이야기로서의 어떤 특성을 갖기 때문인가? 아니면 인류가 실제로 어떤 과정을 거쳐서 진정한 과학에 도달했는지, 그리고 '진정한 과학'과 '한때 인류를 현혹했지만 실은 엉터리였던 이야기'는 어떻게 다른지를 대조적으로 보여주는 배경으로 활용되고 있는 것인가?

천동설이 오늘날 우리가 알고 있는 '진실(!)'에 해당하는 지동설의 등장 배경으로서가 아니라 그 자체로 '과학'의 범위 안에 들어오는가에 대해서는 여전히 고민의 여지가 있다. 이것은 "오리너구리는 알을 낳는가 새끼를 낳는가?" 같은 문제와는 달리 결국엔 토론 당사자들의 결정에 달린 문제라고 할 수 있다. 그러나 나는 여기서 한 가지 길을 제안한다. 그것은 시작부터 과학의 정의와 그 범위를 토론하는 일에 진을 빼기보다 역사를 다루어 온 전문가들의 의견에 일단 귀를 기울여보자는 것이다. 역사가들은 과학의 시작을 어디로 보고 있는가? 이 물음에 대한 답도 정확히 천편일률이라고는 하기 어렵지만 대부분의 견해가 중첩되는 지점이 존재한다. 역사적 서술은 대개 (서양)과학 이야기를 지금으로부터 약 2,500년 전쯤의 그리스, 더 정확히 말하자면 그리스 앞바다인 에게해에서 시작한다. 우리도 이런 전통을 좇아 출발해 보기로 하자.

_밀레토스 3인방의 아르케 물음

도서관이나 서점의 서가에서 '서양 사상사'나 '철학사'라는 제목의 두툼한 책을 아무것이나 하나 뽑아 들고 펼쳐 보라. 누가 쓴 무슨 책이어도 상관없다. 두툼하기만 하면 된다. 그러면 최소한 90%의 확률로 우리는 그 첫 부분에서 꽤 먼 옛날 그리스 땅에서 벌어졌던 이야기를 대하게 된다. 아마 십중팔구는 탈레스(Thales, BC 624?~546?)라는 이름을 만나게 될 것이다. 과학에 대한 얘기를 시작하다 말고 왜 뜬금없이 사상사나 철학사 얘기를 꺼내는지 궁금해 할 만하다. 그 이유는 철학과 과학이 동일한 뿌리에서 나왔기 때문이다. 아니, 더 정확히 말하자면 그 둘은 본래 둘이 아니라 하나였다.

우리는 피타고라스(Pythagoras, BC 580?~500?)가 어떤 분야의 인물이냐는 질문을 받으면 필경 '수학자'라고 대답할 것이다. 물론 맞는 얘기다. 수학을 별로 좋아하지 않았던 사람이라도 '피타고라스의 정리'라는 소리에는 직각을 낀 삼각형과 $a^2 + b^2 = c^2$이라는 식을 떠올릴 것이다. 그러다가 그가 철학의 역사 속에서 중요한 위치를 차지하는 인물이라는 사실을 알게 되면 "피타고라스는 수학자이면서 철학자였군요"라고 말할 것이다. 또 만일 아리스토텔레스가 생시에 펼쳤던 폭넓고 화려한 지적 활동의 흔적을 검토할 기회를 얻는다면 우리는 상당히 놀라면서 "세상에, 아리스토텔레스는 생물학자이면서 논리학자이고 문학 이론가이고 윤리학자에 정치사상가에…… 정말 멀티플레이어였네요!"라고 말하게 될 법하다. 하지만 이런 식의 수다스런 표현은 요즘 학문 분류 체계의 관점에서 말하는 방식일 뿐이다. 그 옛날 피타고라스는, 아리스토텔레스는, 데카르트는 모두 그저 진리를 탐구하는 자들이었을 뿐이다.

탈레스

학문이 하나씩 분화되어 나타나면서 과학의 지형도가 형성되고 또 복잡해져 가는 얘기는 앞으로 차차 나올 테니 여기서는 다만 우리가 알고 있는 전문 영역 분류법이 그리 오래된 것은 아니라는 사실, 특히 중등 교육을 통해 어느새 '문과'와 '이과'의 구분을 머릿속 깊이 받아들이게 되는 우리 학생들에겐 다소 생소하게 들리는 얘기일지라도 'science'와 'philosophy'는 오랫동안 한 묶음이었다는 사실만 짚어두기로 하자.

탈레스에게 공식적으로 '최초의 철학자'나 '최초의 과학자' 같은 엄청난 영예의 타이틀이 부여되는 이유는 뭘까? 그 핵심적인 이유를 캐고 보면 사실 싱거워 보일 정도로 단순하다. 그것은 그가 하나의 멋진 물음을 세웠기 때문이다. 그 물음은 "만물의 아르케(archē)는 뭔가?"였다. 여기서 '아르케'는 우리말로 '원질(原質)'이라고 옮겨지기도 하는데, 이 말을 풀면 '뿌리가 되는 바탕 재료' 정도가 된다. 즉 탈레스의 아르케 물음은 "이 삼라만상의 바탕에는 도대체 무엇이, 어떤 재료가, 혹은 어떤 원리가 깔려 있는가?"라고 묻고 있었다.

탈레스는 물음만 던진 것이 아니라 스스로 아르케 물음에 대한 답도 제시하였다. 그의 답은 '물!'이었다. 어째서 그가 만물의 바탕에 물이 있다고 보았는지는 잘라 말하기 어렵다. 그가 뭇 생명체의 생존과 성장을 가능케 하는 물의 특성에서 힌트를 얻었는지, 아니면 얼어서 딱딱해지기도 하고 녹아 흐르기도 하며 끓으면 형체를 잃고 공중으로 사라져 버리는 물의 다면성에서 깊은 인상을 받았던 것인지, 아니면 또 어떤 다른 고려가

아르케 물음의 산실 에게해

그 대답의 배후에 깔려 있는지 우리는 이런저런 추측을 할 수 있을 뿐이다. 하지만 그의 대답이 지닌 매력이나 그의 대답의 근거에 깔린 생각의 타당성 같은 것들보다 훨씬 더 중요한 것은 그의 물음 자체였다. 탈레스의 아르케 물음은 어째서 과학이나 철학의 시작을 결정할 정도로 중요한가? 그 물음을 다시 한 번 음미해 보라. 먼저, 그것의 스케일이 느껴지는가? '아르케'라는 개념도 중요하지만, 이 물음의 중요한 힘은 '만물의……'라는 엄청난 규모에 있다.

탈레스라는 이름으로 대표되는 당시의 그리스 지식인들은 저 바다에 넘실거리는 파도와 하늘에 떠 있는 구름, 발 밑에 깔린 땅덩어리, 밤하늘에서 볼 수 있는 천체들, 인간, 가축들, 셀 수 없이 다양한 종류의 나무와 풀들 그리고 이런 것들이 어우러지면서 펼쳐 보이는 무궁무진한 현상들을 단 하나의 혹은 몇 가지의 근본 재료 또는 근본 원리로 꿰어 표현해 보려는 지적 욕구를 품었던 것이다. 다양하고 이질적인 여럿을 하나로, 또는 가급적 적은 수의 원리들로 묶어 이해하고 설명하려는 욕구가 바로 과학적 탐구를 낳는 정신의 중요한 특성이다. 또 그것은 달리 표현하자면 보편성의 추구다. 다양성의 배후에서 일반성 혹은 보편성의 요소를 건져내는 것은 과학자의 눈이 수행하는 중요하고도 기본적인 작업이다.

지금으로 치면 터키의 서쪽 해안에 위치한 밀레토스 지방에 살았던 탈레스가 기원전 6세기에 이 물음을 정말 처음으로 물었던 사람이었는지는 단언하기 어려울는지도 모른다. 어쩌면 비슷한 시기에 그와 비슷한 의문을 품었던 또 다른 이들이 있었을는지도 모른다. 아르케 물음이 탈레스의 창의적 고안물인지 아니면 어떤 시대 정신의 산물인지도 잘라 대답하기 어렵다. 그러나 어쨌든 아르케 물음은 탈레스 이후 같은 지방의 지식인들에 의해 계승되었고, 그리스 문명권 구석구석까지 빠르게 퍼져 나갔다. 그렇다. 따로 언급하는 것이 이상할 정도로 당연한 이야기이지만 학문의 발전은 소통을 통한 문제 의식의 공유와 전승이라는 토대 위에서 이루어진다.

탈레스가 활동하던 밀레토스 지방에서 아르케 물음은 두 사람의 중요한 논자를 더 만났다. 그 중 한 사람인 아낙시만드로스(Anaximandros)는 아르케 물음에 대해 '아페이론(apeiron)' 이라는 대답을 내놓았다. 아페이론은 우리말로 '무한정자(無限定者)' 라고 옮겨지곤 하는데, 이는 '아무런 한정성(限定性)도 없는 것', 다시 말해 '끝도 없고 아무 특정한 성격도 지니고 있지 않은 어떤 것' 이라는 의미가 담긴 개념이다. 아마도 아낙시만드로스는 탈레스의 문제 의식을 계승했지만 그가 제시했던 대답이 마음에 흡족하지는 않았던 듯싶다. 물이 아르케의 후보로서 매력적인 측면을 지닌다는 사실은 인정할 수 있지만, 물로 설명되지 않을 것 같은 사물이나 현상들도 많다. 저 뙤약볕 아래 광야에 놓인 바윗덩어리가 물로 이루어졌다고는 생각되지 않으며, 활활 타오르는 장작불의 근원에 물이 있다는 생각도 기이해 보인다. 물이라는 대답은 아르케 물음이 추구하는 보편성의 관점에서 볼 때 아쉬움이 있다.

아낙시만드로스의 대답에는 고도의 추상적 사유의 흔적이 서려 있다. 세상엔 딱딱한 사물도 있고 말랑말랑한 사물도 있다. 빨간 것이 있는가 하면 노란 것도 있고 말갛게 투명한 물건도 있다. 아주 잽싸게 움직이는 놈들이 있는가 하면 느릿느릿 둔한 놈들도 있다. 이렇게 때로 상반되는 성격을 지닌 다양한 사물과 현상들의 근원이 되려면 역설적이게도 '아무런 성격도 지니고 있지 않아야' 하지 않을까? 비록 우리는 그런 것을 만질 수도 볼 수도 없지만, 만물의 아르케는 성질에서도 크기에서도 아무런 제한이나 한계도 지니지 않는 어떤 것이어야 할 것이다. 이런 요구에 부응하기 위해서 아낙시만드로스는 과감하게 눈에 보이는 사물들의 차원을 뛰어넘어 추상적인 영역에서 그 답을 찾았던 것이다.

또 한 사람의 밀레토스인인 아낙시메네스(Anaximenes)는 아르케 물음에 대해 '공기'라는 대답을 제시했다. 이 대답은 적어도 두 가지 점에서 생뚱맞은 감이 있다. 하나는 아낙시만드로스와 더불어 추상성의 방향으로 한 걸음 나아갔던 아르케 물음이 다시 한 걸음 '물!' 쪽으로 되돌아간 것처럼 보이기 때문이다. 또 한 가지는 공기가 물보다 아르케 후보로는 오히려 더 약해 보인다는 점이다. 고대인들도 우리가 숨을 쉬는 데 '공기'가 필요하다고 의식했었는지는 확실치 않지만, 식물도 공기를 필요로 한다는 사실은 모르고 있지 않았을까 싶다. 게다가 공기를 재료로 삼아 만들어낼 수 있을 만한 사물은 거의 없어 보이지 않는가? 하지만 바로 이 점에서 아낙시메네스의 대답이 지닌 특징이 드러난다. 그는 '공기'라는 대답에서 한 걸음 더 나아가 온갖 사물과 현상들을 지어내는 바탕이 되기에 그럴 듯해 보이지 않는 이 아르케 후보가 어떻게 해서 만물의 아르케 자격을 지니는지에 대한 설명을 시도한다. 그는 '농후화'와 '희박화', 즉 더 밀도가 짙어지는 변화와 거꾸로 옅어지는 변화의 메커니즘을 통해서 (뜻밖에!) 다양한 사물들이 나타날 수 있다는 생각을 제시했다.

> 공기가 느슨해지면 불이 되고, 짙어지면 바람이 되고, 그 다음에는 구름이 되고, 더욱 더 짙어지면 물이 되고, 그 다음에는 흙이 되고, 또 그 다음에는 돌이 된다.

공기가 농후해지면, 즉 그 밀도가 높아지면 물 혹은 어떤 액체가 된다. 액체가 더더욱 농후해지면 고체 상태의 다양한 사물들이 생겨난다. 반대로 고체 상태의 사물들에서 희박화가 진행되면 액체 상태의 사물이 되고 또 밀도가 더 희박해지면 공기, 즉 기체 상태가 된다. 흥미로운 것은 이런 얘기가 오늘날의 과학적 관점에서 보더라도 전혀 터무니없는 것은 아니라는 점이다. 얼음을 녹여 물로 만들고 그것을 다시 수증기 상태로 변화시키려면 물론 온도의 변화가 필요하지만 압력도 물질의 상태를 변화시키는 데 중요한 역할을 할 수 있다. 즉 적절한 조건이 주어지면 온도가 일정하게 유지되더라도 압력에 따라 물질의 상태가 변화할 수 있다. 물론 아낙시메네스가 이런 것을 알고 있었을 리는 없다. 그러나 그의 대답 속에는 동일한 재료가 그것의 상태에 따라 다양한 형태를 띠고 나타날 수 있다는 아이디어가 담겨 있고 이는 흥미로울 뿐만 아니라 일리 있는 발상이다. 또 "한 가지 재료 즉 동일한 아르케로부터 어떻게 다양한 것들이 생겨나는가?" 하는 의문이 생겨났다는 사실도 두드러져 보인다.

_아르케 물음의 발달

밀레토스 지역에서 발달한 아르케 물음은 그 다음 단계에서 피타고라스를 만난다. 그는 기원전 4~5세기쯤 밀레토스 지방에서 멀지 않은 사모스 섬에 살고 있었다. 바로 수학책에 등장하는 '피타고라스의 정리'를 통해 우리에게 너무나도 유명한 그 피타고라스다.[1]

피타고라스 역시 아르케 물음을 물었다. 그의 대답은 '수'였다. 수(number)가 만물의 근본이라니 이것은 또 무슨 얘긴가? 피타고라스의 대답은 아마도 밀레토스 3인방의 아르케 탐구와는 다른 시각에서 접근해야 할 성싶다. 즉 우리는 여기서 아르케 물음이 그 시작과는 다른 측면을 드러내고 있음을 본다. 피타고라스의 대답 속에는 '만물의 아르케?'라는 문제 앞에서 어떤 근본 '재료'를 짚어내려는 관심이 아니라 만물의 바탕에 깔린 어떤 질서, 어떤 원리를 포착하려는 시선이 살아 있다. 그는 만물의 구성과 운행의 바탕에 수적 조화 혹은 수학적 조화가 깔려 있다고 보았다. 앞에서 우리는 아르케를 바탕 재료라고 해석했지만 피타고라스의 아르케 물음에 비추어 보면 그 해석은 아쉬운 점이 있다.

피타고라스의 대답은 서양의 지적 전통 속에서 대단히 중요한 의미를 갖는다. '합리적인' 혹은 '이치에 맞는'의 뜻을 갖는 영어 낱말은 rational이다. 그런데 이 낱말 속에는 비(比)를 뜻하는 말 ratio가 들어 있다. 이것은 우연이 아니다. ratio는 비라는 뜻 말고도 라틴어로 이성(理性)이라는 의미를 지닌다. 서양의 학문적 전통 속에서 비율과 이성(혹은 합리성)은 서로 밀접하게 연관되어 있다. 합리적인 것

1 학문이 그렇게도 빠른 속도로 발달하는 세상인데 2,500년이 다 된 이론을 아직도 배우고 있다는 것은 신기하지 않은가? 뿐만 아니라 앞으로도 그것이 수학책에서 사라질 가능성은 별로 없다고 본다. 이쯤 되면 정말 대단하지 않은가?

들은 그것을 구성하는 요소들이 서로 적절한 비를 이루고 있다. 한편 수학적 조화 즉 적절한 비가 깨지면 합리성이 흔들린다.

_피타고라스와 수적 조화

이야기가 조금 곁길로 새는 듯하지만, 고대 그리스 사회로부터 음악은 생활 속 문화의 중요한 일부분이었다. 시인들에 대해선 '사회에서 쓸모없는 사람들'이라고 부정적인 눈을 치켜떴던 플라톤도 음악은 교육에 꼭 필요한 요소로 인정했다. 어째서? 음악은 우리를 자연스럽게 조화로운 비의 세계로 끌어들이는 통로이기 때문이다. 완전 4도나 완전 5도, 완전 8도 같은 화음들은 음들간의 어떤 단순한 수학적 비례 관계를 바탕에 깔고 있다. 예컨대 기타 줄을 퉁겨서 만일 솔(G)이라는 음을 얻었다면 정확히 그 길이의 반이 되도록 줄을 잡고 다시 퉁겨 보라. 한 옥타브 위의 솔(G) 소리가 날 것이다.

피타고라스의 사후에도 한동안 지속되었던 피타고라스 추종자 집단이 와해된 계기로 어떤 학자들은 짧은 두 변의 길이가 각각 1인 직각이등변삼각형의 빗변 길이를 '비로 나타낼 수 없다는 사실'이 몇몇 사람들에게 알려지면서 벌어졌던 내부 혼란을 꼽기도 한다. 그 빗변의 길이는 $\sqrt{2}$다. 그리고 $\sqrt{2}$는 '무리수'다. 무리수(無理數)란 (정수와 정수의) 비 즉 분수로 나타낼 수 없는 수다. 무리수를 영어로 쓰면 'irrational number'다. 이 말을 어원을 반영하여 다시 해석하면 '비율로 나타낼 수 없는 수'인 동시에 '말도 안 되는 수', '이해할 수 없는 수'다.

_고대 원자론자들

아르케 물음의 연장선상에서 발견되는 또 하나의 흥미로운 생각은 고대 그리스의 원자론자들의 것이다. 원자는 영어와 독일어, 프랑스어 그 어느 쪽에서도 'atom' 혹은 그 비슷한 낱말인데, 이는 모두 고대 그리스 낱말 atomos에 뿌리를 두고 있기 때문이다. 그리스 말에서 a-는 부정을 뜻하는 요소이고, tom은 자른다는 뜻의 동사 tomein에서 파생된 말조각으로, atom이란 '(더 이상) 자를 수 없다'는 의미를 품은 개념이다. 또 더 이상 자르고 나눌 수 없음은 그것이 '가장 작은 것'임을 함축한다.

오늘날 우리는 원자보다 더 작은 것들이 존재한다는 사실을 알고 있지만, 100여 년 전까지만 해도 원자는 세계를 구성하는 명실상부한 최소의 단위로 여겨졌다. 뿐만 아니라 소립자(elementary particle)와 초끈 등 한 단계 더 미시적인 수준의 존재에 대한 이론이 발달한 오늘날에도 원자는 물질을 구성하는 기본적인 알갱이로서의 지위를 여전히 누리고 있다. 그리고 바로 이런 원자 개념의 시발점은 레우키포스(Leukippos)와 데모크리토스(Demokritos) 같은 고대 그리스의 원자론자들이었다.

더구나 이들은 '만물의 근본 재료는 원자!'라고 설파하는 데서 그치지 않았다. 원자론자들은 만물이 특정한 모양과 성질을 지닌 원자들로 구성되어 있다는 원자론의 입장에서 우리 주변의 다양한 현상들을 설명하려는 시도로 나아갔다. 예를 들어 단맛과 신맛의 차이는 그런 맛을 내는 대상을 구성하는 원자의 형태에 있다고 보았고, 우리가 둥근 공 모양의 물체를 보면서 그것이 둥글다고 지각하는 것은 문제의 물체로부터 수많은 원자들로 이루어진 둥근 모양의 껍데기가 한 겹씩 떨어져 나와서 우리의 눈을 구성하는 원자들과 접촉하기 때문이라고 설명했다.

원자론자들의 생각의 기본 방향은 자연스러운 것처럼 보이기도 하지만 실제로는 당연한 방향이 아니다. 원자론자들의 기본 아이디어는 "대상의 본성을 가장 잘 파악하는 길은 그것을 작게 잘라보는 것"이라는 생각인데, 이와 같은 기조(基調)는 오늘날 물리학이나 화학 같은 분야들에서만이 아니라 생물학에서도 뚜렷이 계승되어 나타나고 있다. 인간이라는 생명체의 생물학적 특성을 탐구하기 위해서 눈에 힘을 주고 들여다보아야 할 것이 생태계나 지구 환경 같은 요소가 아니라 세포, DNA, 유전자 같은 요소들이라고 여긴다면 그런 생각은 원자론자들의 접근 방식에 닿아 있다고 할 수 있다.

오늘날의 관점에서 보자면 아르케에 관한 논의 속에는 '과학적' 근거가 미약한 사변적 결론이라고 해야 할 부분도 있고 또 나름대로 일리 있는 부분도 있다. 그러나 아르케 물음은 그 대답이 현대적 관점에서 얼마나 여전히 타당한가가 아니라 "눈앞에 펼쳐진 현상들의 끝없는 다양성 속에서 그것들을 꿰뚫어 하나로 묶는 보편성을 추구하는" 지적 욕구의 발현이라는 관점에서 평가되어야 할 것이다. 실제로 오늘날에도 과학자들이 하고 있는 일이란 바로 그런 것, 즉 다양성과 가변성의 밑바닥에서 보편적인 재료와 원리를 찾는 작업이고, 그런 의미에서 아르케 물음의 전통은 지금까지도 계승되고 있다고 말할 수 있다. 오늘날 아르케 물음의 전통을 잇고 있는 계승자들은 누구인가? 아마 그 주인공들 자신이 그렇게 생각해 본 경우는 적겠지만 이 물음에 대한 대답은 '철학자들'이라기보다 '자연과학자들'이다.

_자연철학, 자연철학자

우리는 아르케 물음을 붙잡고 늘어졌던 저 위대한 선인들을 '자연철학자' 들이라고 부른다. 그 말은 생소하다. 자연철학이라는 말은 이상하게 들린다. 자연과 철학이 무슨 상관이 있는가? 자연은 과학자들의 탐구 대상이고 철학자들은 인생을 논하는 사람들이 아닌가? 아니다. 오늘의 관점에서 보더라도 그것은 너무 섣부른 줄긋기다. 사실 자연철학이라는 개념은 아주 오랫동안 통용되었다. 기원전 6세기쯤의 밀레토스 3인방이 자연철학자들이었고, 17세기 말에 활약했던 뉴튼도 자연철학자였다. 뉴튼이 쓴 가장 유명한 책, 만유인력의 법칙과 뉴튼의 운동 법칙들이 담겨 있는 그 위대한 책의 이름은 『프링키피아』다. 『프링키피아』는 principles 즉 원리를 뜻하는 말이다. 하지만 『프링키피아』는 그 책의 꽤 긴 원래 제목에서 한 단어를 골라 세운 것일 뿐이다. 원래 제목은 『필로소피아이 나투랄리스 프링키피아 마테마티카(*Philosophiae Naturalis Principia Mathematica*)』다. 네 개의 라틴어 낱말이 각각 영어 낱말과 닮아 있으니 순서만 잘 잡으면 대략 감이 온다. 저 제목을 우리말로 풀면 『자연철학의 수학적 원리』가 된다. 뉴튼의 직업은? 그는 자연철학자였다!

자연철학이란 자연에 담긴 진리를 탐구하는 일을 가리킨다. 밀레토스 학파 이후 자연철학자들이 썼던 글에는 자주 '자연에 관하여' 라는 제목이 달려 있었다. 자연에 대한 관심은 오늘날의 분류 방식으로 말하자면 과학자들의 것이다. 오늘날의 학문 영역과 연결시켜 보자면 아르케 물음은 분명히 여러 점에서 자연과학의 전통에 직접적으로 닿아 있다.

아테네의 학문 : 플라톤과 아리스토텔레스

03

_아테네 젊은이들의 야망 그리고 소피스트들

아르케 물음은 에게해를 중심으로 한 고대 그리스 문명 여러 지역으로 전염되어 퍼져나갔다. 하지만 고대 그리스 문명의 가장 핵심적인 요지로 꼽히는 아테네의 지적 분위기는 아르케 물음의 그것과 분명 달랐다. 유명한 소크라테스(Socrates, BC 470~399)가 매일같이 아테네 저잣거리를 쏘다니며 젊은이들에게 말을 건네던 시대에 아테네 지식인들의 제1 관심사는 아르케 문제가 아니었다. 그럼 아테네인들의 관심사는 무엇이었나? 아테네의 새로운 관심사는 학문 전체 지형의 형성 과정 속에서 어떤 의미를 갖는가?

먼저 우리는 아테네가 민주주의의 발원지라고 일컬어지는 사실을 상기하도록 하자. 실제로 아테네에서는 전쟁이나 대규모 건축 같은 사안뿐만 아니라 사회의 어떤 구성원이 치명적인 고소를 당한 경우에도 원칙적으로 의회가 소집되어 결정을 내렸다. 그리고 자유인의 지위를 지닌 아테네의 모든 성인 남자는 의회에 참여할 권한을 가졌다. 이런 아테네 사회에서 영향력 있는 인사란 바로 의회에서 자신의 생각을 의회 전체의 생각이 되도록 만들 수 있는 사람을 의미했다. 아테네의 수많은 젊은이들은 아테네 의회를 통해 자신의 꿈과 이상을 펼쳐보려는 자연스런 야망을 가졌다. 그런데 그런 야망을 실현하려면 사람들의 의견을 자신의 의견 쪽으로 끌어당길 수 있는 능력이 필요했다.

소피스트들은 이런 젊은이들에게 가르침을 주는 사람들로, 말하자면 아테네의 지식인인 동시에 교사들이었다. 소피스트들은 특히 젊은이들에게 변론술을 가르쳤다. 아테네 의회 같은 대중을 상대로 말하는 능력 그리고 대화를 통해 상대방을 내 편으로 끌어당길 수 있는 능력은 정치에 뜻을 둔 모든 아테네의 젊은이들에게 필요한 것이었고 이 젊은이들은 소피스트들을 찾아가 배움을 구했다.

소피스트(sophist)라는 말 속에는 sophia 즉 지혜라는 말이 들어 있다. 소피스트란 지혜를 가진 사람, 알아야 할 것을 이미 알고 있는 사람이라는 뜻이다. 이미 지혜와 지식을 갖고 있으니 그것을 나눠줄 자격도 갖춘 셈이다. 그들은 그래서 아테네의 젊은이들을 가르치는 교사의 역할을 맡았다. '소피스트'라는 말을 한때는 우리말로 '궤변론자(詭辯論者)'라고 옮기기도 했고 영어에서도 'sophistry'라 하면 보통 "실제론 그렇지 않은 것을 그럴 듯한 말로 그럴 듯하게 만드는 일"이라는 부정적인 의미로 사용된다. 하지만 원래 소피스트라는 말 자체는 그런 부정적인 의미를 지니고 있지 않았다. 오히려 그 반대였다. 사람들은 그들을 존중하는 의미에서 그들을 '소피스트'라 불렀고 그들 역시 자랑스러운 마음으로 스스로를 '소피스트'들이라 칭했다. 우리는 이들에게서 당시 아테네 지식인들의 지적 분위기를 읽어보려 한다.

_프로타고라스와 트라시마코스

아테네에는 여러 명의 소피스트들이 있었다. 그중에서도 대표적인 인물로는 최초의 소피스트로 일컬어지기도 하는 프로타고라스(Protagoras, 기원전 BC 480? ~ 421?년경)를 꼽을 수 있는데, "인간이 (만물의) 척도"라는 말로 널리 알려진 사람이다. 해석에 관한 토론의 여지가 없는 것은 아니지만 이와 같은 프로타고라스의 이른바 'Homo mensura'[1] 문장에서 '인간'은 인간이라는 종(種) 즉 인간의 무리 전체가 아니라 한 사람 한 사람을 뜻하는 개념으로 풀이된다. 우리는 각자 하나의 자, 곧 척도 또는 기준이다. 물론 사람들의 기준이 대체로 일치하는 경우도 많다. 예컨대 "우리 학교에서 누구 키가 제일 큰가?"라는 물음에 대해 의견 일치를 보는 일은 (충분한 시간과 기회만 준다면) 그리 어렵지 않을 것이며, 눈앞에 놓인 여러 개의 사과 가운데 어느 것이 제일 빨갛게 익었는가에 대해서도 아마 비슷할 것이다. (벌써 그런 의견 일치가 항상 쉽지만은 않겠다는 느낌이 드는가?) 하지만 예컨대 "우리 나라 영화배우 가운데 누가 제일 아름다운 얼굴을 가졌나?"라는 물음 앞에서라면 우리의 의견은 여러 갈래로 나뉜다. 우리 마음속에 있는 '아름다움'에 대한 척도가 제각기 자기 기준이 옳다고 말하려 하는 것이다. 그렇다면 이렇게 의견이

1 homo는 인간을 뜻하고 mensura는 자(尺) 혹은 척도를 뜻한다. (영어 낱말 'measure'를 떠올려 보라!)

분분해질 경우엔 누구의 의견이 진짜 올바른 의견인가? 누구의 척도가 진정한 척도인가? 프로타고라스의 문장은 "진정한 즉 절대적인 척도 같은 것은 없다"고 말하고 있다. 다만 우리 한 사람 한 사람이 각자 나름대로 척도일 뿐이다.

그렇다면 서로 다른 기준을 가진 사람들이 의견 일치에 도달하는 일은 어떻게 가능한가? 사실 이 문제는 아주 어렵고도 중요한 문제다. 이것은 철학적인 문제인 동시에 사회과학적인 문제이고, 또 이 물음과 관련된 문제 상황은 탐구자의 개인적 입장 같은 것이 끼어들 여지가 없어 보이는 자연과학에서도 종종 등장한다. 하지만 이 물음 자체를 다루는 일은 여기서 너무 버겁다. 대신에 우리는 이 물음에 대한 하나의 가능한 대답의 방식을 또 한 명의 소피스트인 트라시마코스(Thrasymachos)에게서 발견할 수 있다. 트라시마코스는 아테네인들에게 중요한 주제였던 '정의(正義)'에 대해 "정의란 강자(强者)의 이익"이라는 말을 남겼다.

프로타고라스의 명제로부터 다시 출발해 보자면 '진정한 정의' 혹은 '누구에게나 정의로운 일' 같은 것은 존재하지 않는다 해도 이상할 일이 없다. 우리는 어떤 일이 정의로운 일이고 어떤 일은 불의한 일인지에 대해서 각자의 기준과 척도를 마음에 품고 있기 때문이다. 그러나 한 사회가 그런 물음에 대해 판단을 내려야 하는 경우들이 생긴다. 한 아테네의 시민이 다른 사람의 고소를 당해 법정에 섰을 경우 원고와 피고는 서로의 정당성을 주장할 수 있겠지만 결국 법정은 누군가의 손을 들어주어야 한다. 이런 경우 정의란 결국 강자에게 이익이 되는 것이라고 트라시마코스는 주장한다. 이것은 아마도 많은 독자들에게 탐탁지 않은 결론이겠지만, 사실 공격하기가 쉽지 않은 결론이기도 하다.

그렇다, 트라시마코스의 명제는 프로타고라스의 명제와 같은 맥락 위에 서 있다. 너와 나의 척도를 넘어선 객관적이고 절대적인 척도 같은 것이 없듯이 정의에 관해서도 모든 사람의 이해관계를 초월하는 객관적인 척도 같은 것은 존재하지 않는다는 생각이다. 그리고 이런 생각이 바로 소피스트들의 지적 기반에 깔려 있었던 것으로 보인다. 여기서는 소피스트들의 정신적 성향이 부정적인 측면에서 묘사된 셈이지만, 사실 그들은 그리스 지식인들의 지적 관심을 '저 바깥에 놓인 자연'으로부터 '우리 자신 즉 인간과 사회'라는 주제로 전환하게 만들었다는 점에서 인문학적, 사회과학적 탐구의 전통에 불씨를 당긴 인물들로 평가되기도 한다. 소피스트들은 나름대로 인간과 사회의 특성에 대한 깊은 통찰을 갖고 있었으며, 특히 변론술을 통해서 언어를 세련되게 다듬고 정연한 논리를 세우는 데 기여했다.

_소크라테스 : a turning point

소크라테스는 바로 이런 소피스트들의 문화를 배경으로 등장한다. 외견상으로 보면 그 역시 한 사람의 소피스트였다. 그도 아테네의 젊은이들을 가르쳤다. 하지만 그는 스스로를 '소피스트'라고 부르지 않을 뿐만 아니라 그런 호칭을 거부한다는 점에서 소피스트들과 달랐다. 그의 유명한 "너 자신을 알라"라는 경구는 종종 "너 자신의 무지를 알라"라는 의미로 풀이되곤 하는데 그것은 적절한 일이다. 소크라테스는 자기 스스로를 포함해서 우리가 그 누구도 아직 참된 지혜에 도달하지 못한 존재들이라는 사실을 강조한다. 우리는 그런 의미에서 무지한 존재들이다. 그러나 반면에 바로 이런 '무지의 자각'이 진정한 탐구의 출발점을 이룬다. 우리는

"아직 그것을 손에 넣지 못했기 때문에" 그것을 추구하는 것이다. 만일 그들이 스스로 주장하는 것처럼 소피스트들이 이미 진리를 가진 자들이라면 그들은 더 이상 진리 탐구에 마음 쏟을 이유가 없을 것이다.

스스로 단 한 편의 글도 남기지 않은 소크라테스의 사상과 행적은 대부분 그의 제자였던 플라톤의 저술을 통해 우리에게 전해져 온다. 플라톤은 태생으로 보나 지적 능력으로 보나 아테네의 가장 유망한 정치가 지망생 가운데 한 사람이었다. 그러나 그는 자기가 아는 한 가장 현명한 사람이면서 순전한 마음을 지닌 진리 탐구자였던 자신의 스승이 아테네의 민주 법정에서 그를 미워하는 몇몇 사람의 부당한 고소 내용에도 불구하고 유죄 판결을 받고 급기야 사형을 언도받는 사건을 경험하고 나서 인생의 방향을 바꾸었다. 더 이상 아테네 의회는 젊은 플라톤에게 가슴 뛰는 희망의 터전이 아니었던 것이다.[2]

플라톤이 정치가 지망생에서 스승의 뒤를 이어 진리 탐구자의 길을 걷겠노라고 결심한 사건은 서양 사상사에서 중요한 의미를 갖는 사건 중 하나라고 할 만하다. 플라톤과 그가 배출한 걸출한 제자 아리스토텔레스는 글 좀 배운 서양 사람에게 "서양 학문의 역사 속에서 가장 위대한 선생 혹은 위대한 학자는 누구입니까?" 라고 물었을 때 랭킹 1위와 2위를 차지할 인물들이라고 필자는 확신한다. (누가 1위인지에 대해서는 논란이 남겠다.)

소피스트들과 소크라테스가 활약했던 아테네는 이제 인간에 대해, 인간의 삶에 대해, 그리고 인간들이 어우러지면서 빚어내는 사회적인 문제들에 대해 사색하기 시작했다. 이런 사색의 전통은 플라톤과 아리스토텔레스 같은 학자들의 작업을 거치면서 행복한 삶, 인간의 영혼, 사회적 정의, 이상적인 국가의 체제, 교육, 언어와 의사소통 같은

2 이 재판 이야기는 플라톤이 쓴 『소크라테스의 변명』에 잘 묘사되어 있다.

주제들에 대한 탐구를 촉발했다. 이런 주제들은 오늘날 통용되는 분류의 관점에서 보자면 인문학과 사회과학의 영역에 속하는 것들이다. 이런 의미에서 자연철학자들의 시대에 뒤이은 아테네 시대는 인문학과 사회과학을 낳았다고 말하더라도 잘못된 평가는 아닐 것이다. 앞서 언급된 바 있는 소크라테스의 경구 "너 자신을 알라!"에서 "이제 관심을 당신(들) 자신 즉 인간과 사회로 돌리십시오!"라는 의미를 읽어낸다면 그것 역시 오독(誤讀)이라 할 수 없을 것이다.

이런 점에서 우리는 소피스트들이 학문의 역사에 기여한 중대한 공로를 인정해야 할 것이다. 그들은 말하자면 인문학과 사회과학의 창시자들이었다. 또 소피스트 없는 소크라테스는 생각하기 어렵다. 그리고 소크라테스가 아니었다면 플라톤도, 아리스토텔레스도 없었을는지 모른다.

_플라톤과 아리스토텔레스

위대한 학자 플라톤과 아리스토텔레스는 각자 엄청난 분량과 주제의 폭을 지닌 저술을 남겼다. 20세기의 걸출한 사상가 중 한 사람인 화이트헤드(A. N. Whitehead, 1861~1947)는 서양 사상 전체가 플라톤[의 글]에 붙인 각주에 불과하다는 말로 수많은 학자들의 고개를 끄덕이게 했다.[3] 또 아리스토텔레스는 모든 학문 분야에 걸쳐 천년이 넘도록 지배적인 영향력을 행사한 대학자다.

이제 두 사람의 지적 세계가 지닌 특성을 두 사람이 강조하고 또 스스로 심혈을 기울

3 "유럽의 철학적 전통을 가장 확실하게 일반적으로 특징짓는다면 그것은, 그 전통이 플라톤에 대한 일련의 각주로 이루어져 있다는 것이다"(화이트헤드, 『과정과 실재』, 118쪽).

였던 학문에서 확인해 보기로 하자. 플라톤이 아테네에 설립했던 학원 아카데메이아(Akademeia)에서 가장 강조되었던 과목은 수학이었다. 이런 강조에 담긴 의미는 무엇인가? 우리는 삼각형의 세 내각을 더하면 두 개의 직각을 합한 크기 즉 180도와 같아진다는 사실을 증명하기 위해 삼각형을 그린다. 그리곤 어떻게 하는가? 만일 각도기를 손에 들고 자기가 그린 삼각형의 세 각의 크기를 재겠다고 말한다면 조금 이상한 반응이다. 초등학교 수학책 어디엔가는 삼각형을 그려서 가위로 오린 뒤에 세 각을 모아다가 직선 위에 들어맞는지 확인하는 과제가 서술되어 있지만, 실제로 그렇게 해서 정말 '정확히 180도!' 가 확인될는지는 미지수다. 초등학생의 가위질 실력으로는 179도나 180.5도쯤 되든가 아니면 꾸불꾸불한 변이 직선에 들어맞는지 아닌지 고민하게 되기 십상이다. 물론 실제로 그런 고민을 해본 사람은 적을 것이고 더구나 그런 고민 때문에 삼각형의 내각의 합이 180도인지 의심스럽다고 말해 본 사람은 아마 없을 것이다. 하지만 그것은 자연스러운 일이다. 왜냐하면 그것은 수학적 증명의 길이 아니기 때문이다.

수학의 증명은 종이 위에 삼각형을 그리면서 시작되어 적절한 보조선을 긋고 변을 연장해 긋고, 이것과 이것은 동위각, 이것과 이것은 엇각…… 이런 식으로 진행된다. 그런데 이 때 종이 위에 무심코 그려진 삼각형을 다시 한 번 낯선 눈으로 바라본 적이 있는가?

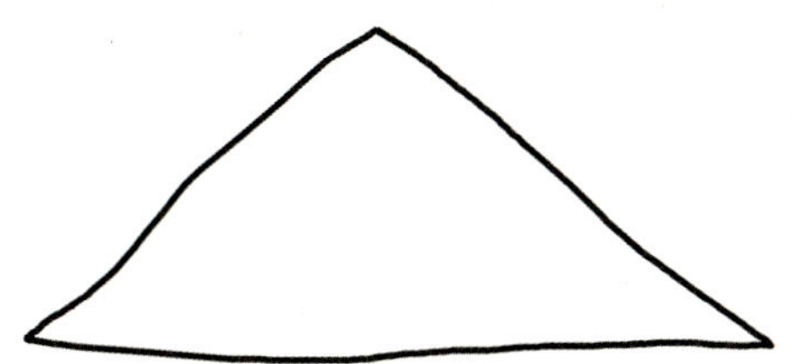

이것은 정말 삼각형인가? 아니다, 저것은 삼각형을 어설프게 흉내낸 연필 자국에 불과하다! 폭이 없어야 할 선들은 굵은 연필심 덕분에 두꺼워졌고, 직선이어야 할 변들은 삐뚤삐뚤하다. 그러나 우리는 그것을 놓고서 삼각형의 내각의 합에 대해 생각하지 않았나? 그렇다, 우리는 그 엉터리 연필 자국을 놓고서도 진짜 삼각형, 그것도 모든 종류의 삼각형에 대한 생각을 제대로 해낸 셈이다!

플라톤은 사물의 진정한 모습은 감각의 세계 너머에 있다고 보았다. 예컨대 개에 대해 관심을 가진 진리 탐구자가 알고 싶은 것은 마당에 엎드려 있는 저 누렁이나 옆집 얼룩이에 관한 지식이 아니라 (모든) 개에 공통된 어떤 본질적 요소다. 그런 본질을 탐구하려는 자에게 우리의 눈과 귀는 사실 믿을 만한 도구가 못 된다. 진리를 탐구하려는 자는 그래서 감각의 차원을 뛰어넘는 훈련을 하지 않으면 안 된다. 수학의 가치는 바로 여기 있다. 수학은 우리에게 눈앞에 놓인 현상의 세계를 뛰어넘어 진정한 본질의 세계를 볼 수 있게 하는 연습을 제공한다. 감각에 매달리지 말고 이성의 힘으로 그것을 뛰어넘을 것! 그것이 진리 탐구를 위한 플라톤의 기본적인 처방이었다.

한편 아리스토텔레스는 이와 다른 성향을 갖고 있었다. 플라톤의 아카데메이아에서 스승의 칭찬을 받아가며 성장한 수제자로서 그는 자연히 스승의 생각으로부터 많은 요소를 수용했지만, 두 사람의 학문 사이에는 분명한 차이가 있었다. 플라톤에게 수학이 중요했다면, 아리스토텔레스는 평생 그가 연구하고 저술을 남겼던 수많은 분야들 가운데서도 생물학에 많은 시간과 관심을 쏟았다. 특히 그는 실제로 해양 생물을 분류하는 작업에 심혈을 기울였다. 이것은 무엇을 의미하는가?

해양 생물을 분류하는 작업을 상상해 보자. 그런 작업은 어떤 방식으로 이루어지는가? 그것은 바다에서 잡힌 다양한 물고기들을 가져다가 들여다보면서 몸의 크기는 어떤지, 색깔은 어떻고 지느러미는 어떻게 생겼는지 등을 조사하는 일로 시작될 것이다. 그리고 그런 조사의 결과를 체계적으로 정리하는 일이 이어질 것이다. 이런 작업에서는 기하학적 사유의 과정에서와 달리 면밀한 관찰, 그리고 그런 관찰의 결과를 성실하게, 즉 눈이 본 그대로 옮겨 적는 일이 중요하다. 아리스토텔레스의 생물학 속에는 수학에서처럼 감각 경험을 "진리 탐구의 길에서 우리를 속이는 못미더운 것"이라고 밀쳐버릴 수 없게 만드는 요소가 들어 있다.

아테네 학당 (부분)

르네상스 시대의 위대한 화가 라파엘이 바티칸에 그려 놓은 프레스코화 「아테네 학당」의 중심에는 플라톤과 아리스토텔레스가 서 있는데, 흥미롭게도 라파엘은 두 사람의 모습에 간결하고도 분명하게 이와 같은 지적 성향을 담아내고 있다. 왼쪽의 플라톤은 제자 쪽을 바라보면서 손가락으로 하늘을 가리킨다. "이보게, 우리는 이 현상 세계, 감각의 세계를 초월해야만 한다네!" 하지만 제자인 아리스토텔레스는 스승의 몸짓에 답하듯 손바닥을 펴서 땅을 가리키며 "선생님, 우리가 출발해야 할 곳은 이곳, 바로 우리에게 주어진 경험의 세계랍니다!"라고 말하는 듯 보인다.[4] 여기서 우리는 두 사람이 과학적 탐구를 구성하는 두 가지의 근본 요소를 하나씩 맡아서 강조하고 있다는 느낌을 받는다. 그것은 '경험과 이성', 혹은 '관찰과 논리'이다. 딱 잘라 어느 것이 선행한다거나 어느 편이 더 근본적이라고 말하기 어려운, 과학의 두 기둥인 셈이다. 순수 수학 같은 일부 특수한 경우를 제외하고 대부분의 학문에서 우리는 경험에 의존하지 않을 수 없다. 과학자는 그래서 자연을 관찰하고 혹은 실험실에서 실험을 한다. 하지만 아무리 훌륭하고 정밀한 실험이라도 실험 결과 자체는 과학의 내용이 되기에 아직 불충분하다. 과학자는 길게 늘어선 실험 결과 데이터를 앞에 놓고 그것들을 하나로 꿰어 묶는 원리를 탐색한다. 고도의 추상적인 사유가 동원되고, 그런 사유 과정은 논리적인 사고 혹은 수학적인 사고로 나타난다. 그렇게 해서 발견된 자연의 원리 역시 수학적인 형태로 표현될 때 과학자는 가장 만족스러워한다. 자연은 수학적인 조화를 머금고 있고, 수학적인 규칙성을 따라 움직인다. 이런 기본적인 신념은 피타고라스까지 거슬러 올라가는 전통이다. 그 전통이 플라톤을 거쳐 오늘날 활동하는 과학자들의 마음에까지 이어져 내려오고 있다.

서양 학문의 역사에서 두 사람이 차지하는 비중은 실로 막대하다. 그중에서도 여러 학문 분야의 형성과 발달에 경이로울 만큼 넓고도 깊게 구체적인 영향력을 행사한 사람은 아리스토텔레스라고 하겠다. 이제 관심의 주제를 따라 분화된 과학의 첫 '분야'로 소개될 천문학에 있어서도 그랬다.

---

4 그림에서 플라톤의 손에는 우주의 기원과 구조를 담은 대화편 『티마이오스』가 들려 있는 반면 아리스토텔레스가 들고 있는 책은 인간의 (사회적) 삶을 주제로 한 『윤리학』이다.

천문학 이야기 : 땅이 움직이는 것을 본 적이 있나? 아니면 하늘이?

04

_天文, 하늘의 이치!

과학의 여러 분야 가운데서도 가장 일찍 전문가 그룹을 형성하고 체계적인 토론을 꽃피운 영역은 천문학이다. 이미 고대인들도 하늘을 부지런히 그리고 꼼꼼히 관찰했고 하늘의 변화에 대해 그리고 우주의 구조에 대해 체계적인 사유를 펼쳤다. 모든 고대 문명은 우주의 구조에 대한 사색을 각기 나름대로 일리 있는 견해에 담아냈다. 우리가 사는 땅덩어리가 둥글다는 생각이나 평평하다는 생각, 또 하늘이 둥글고 투명한 껍데기라는 생각이나 그것이 끝도 모양도 없는 깊은 혼돈이라는 생각은 모두 나름대로의 근거를 갖고 있었다. 땅덩어리가 둥근 공 모양이라는 생각과 평평한 밥상 모양이라는 생각은 서로 모순되는 것처럼 보인다. 그런

데 두 가지 모두가 일리 있는 생각일 수 있다는 것인가? 그런 경우 우리는 어느 편의 손을 들어야 하는지 어떻게 판단할 수 있는가? 이 장에서 우리는 천문학에서 전개되었던 고민과 대립 그리고 그런 대립의 해소 과정을 살펴보게 될 것이다.

하늘에서 벌어지는 현상에 대한 관심은 동양과 서양에 공통적이었던 듯싶다. 제갈공명도 동방박사들도 별자리를 중요한 판단의 지표로 삼았고, 또 고대 그리스인들도 밤하늘에 보이는 별자리와 그들의 신화를 결부시켰다. 제갈공명이 연구했던 것이 천문학인지 의심스럽다는 사람도 있을 것이다. 앞서 '과학'에 대해 시도했듯이 천문학을 적절히 정의함으로써 그 테두리를 깔끔하게 규정해 보는 일에 도전해 볼 수도 있겠지만, 우리는 이미 그런 일이 생각보다 훨씬 어렵다는 것을 알고 있다.

영어로 천문학은 astronomy다. 이 말은 별을 뜻하는 astro-에 법칙을 뜻하는 말 nomos가 결합해 이루어져 있다. 한편 스포츠 신문의 한구석을 차지하긴 하지만 오늘날 대체로 과학적인 이야기로 간주되지 않는 점성술은 영어로 astrology인데, 이 말은 astro-에 -logy가 붙어 이루어져 있다. -logy는 -nomy 못지않게 학문 분야 이름에 단골로 등장하는 어미다. 생물학(biology)·심리학(psychology)·생태학(ecology)·사회학(sociology) 등을 보라! -logy는 '이성', '논리', '말' 등의 뜻을 품은 말 logos에서 유래한다. 이렇게 보면 서양 말에서는 이름만 가지고는 천문학과 점성술 가운데 어느 편이 더 우월한 체계인지 가려내기가 어렵다. 어쩌면 이런 명칭들은 두 체계가 나름대로의 지배 영역을 가진 대등한 체계였던 시절이 있었으리라는 사실을 짐작하게 하는 열쇠일는지도 모른다. 실제로 astrology는 오랫동안 우리가 오늘날 천문학자로 분류하는 사람들의 연구에서 커다란 비중을 차지했고, 유럽인들의 생활에 영향을 미쳤다.[1]

천문학은 하늘에서 펼쳐지는 현상에 대해 사색했고, 그런 탐구를 바탕으로 우주의 구조에 대한 사색으로 나아갔다. 오늘날 천문학이라고 불리는 학문의 범위는 아주 넓지만, 여기서는 천문 현상에 대한 관찰을 토대로 우주의 구조에 대한 체계적 견해를 구성했던 두 가지 대표적인 입장을 살펴보기로 한다. 그렇다, 바로 천동설과 지동설에 얽힌 이야기다.

_천동설과 지동설

'코페르니쿠스적 혁명(Copernican Revolution)'이라는 말은 과학의 역사 속에 존재하는 이 혁명에 붙여진 이름이기도 하지만, 오늘날에도 중대한 변혁이나 발상의 전환이 목격될 때 우리가 흔히 갖다 붙이는 대표적인 표현이다. "코페르니쿠스 그 사람 참 운이 좋군! 뻔한 얘기를 처음으로 떠든 덕에 그렇게 유명해지다니. 옛날 사람들이 무식하긴 정말 무식했어!" 만일 누군가가 이렇게 생각한다면 몇 가지 점에서 잘못 생각하고 있는 셈이다. 우선 이것은 뻔한 진리가 아니다. 천동설-지동설의 다른 이름은 '지구중심설(geocentrism)-태양중심설(heliocentrism)'인데, 우주의 중심은 알다시피 지구도 태양도 아니다.[2] 그렇다면 이제 양쪽 견해의 차이는 무엇이 무엇의 주위를 돌며 운동하는가 하는 판단에 놓이게 될 텐데, 태양·지구·달·화성 같은 몇 개의 천체를 막막한 공간 속에 띄워 놓고 생각해 본다면 이것들간의 상대적인 위치가 계속 변하는 것은 분명하지만 과연 어느 것이 어느 것 주위를 돌고 있는지를 말하기는 어렵다는 사실을 깨닫게 된다.

1 그렇다면 무엇이 이 둘의 운명을 '-학'과 '-술'로 갈라놓은 것일까?

2 도대체 우리는 어떤 탐구 활동과 토론을 통해서 우주의 중심이 어디인지를 결정할 수가 있을까?

과학 공부를 열심히 한 사람 중에는 "태양의 질량은 지구 질량의 33만 배가 넘으므로, 이런 질량 관계를 고려하면 두 질량체의 운동 중심은 거의 태양의 중심과 일치한다"고, 또 마찬가지로 다른 행성들의 질량까지 고려할 때 결국 지구와 태양과 달 그리고 몇 개의 행성들로 이루어진 이 천체계의 중심은 태양이라고 보아야 한다고 말할 사람도 있을는지 모른다. 그러나 그런 대답은 코페르니쿠스로부터 다시 150년쯤 더 흐른 뒤에야 정식화된 어떤 이론[3]의 관점에서 말하는 것일 뿐, 순수한 천문학적 관측을 통해 얻어낼 수 있는 결론과는 거리가 멀다. 다시 한 번 생각해 보자. 어떻게 하면 태양이 지구 주위를 도는 것인지 아니면 그 반대인지 확인할 수 있을까? 우리는 이 문제를 찬찬히 이모저모로 생각해 볼 필요가 있다.

학생들에게 "어느 것이 어느 것 주위를 도는 건지 확인할 방법"을 물어보면 흔히 나오는 대답은 "우주로 나가 봐요!"다. 하지만 만일 우주선을 타고 지구를 훌쩍 떠난다고 해도 우리가 눈으로 확인하게 될 것은 지구와 태양, 그리고 화성·목성 같은 천체들이 우주 공간에 둥실 떠 있고 또 시시각각 상대적인 위치를 바꾼다는 사실뿐이다. 거기서 어느 것이 어느 것 주위를 돈다고 말해야 옳을지는 그야말로 생각하기 나름이다. 어쩌면 우리는 언제쯤엔가 과학책에서 보았던 그림, 즉 커다랗고 노란 태양이 한쪽 편에 있고 수·금·지·화·목·토·천·해·명의 순서로 아홉 개의 행성이 각각 그 공전 궤도를 나타내는 하얀 원호와 더불어 그려진 천연색 그림을 머릿속에 떠올리고 있을는지도 모른다. 물론 우주에 그런 선 같은 것이 그려져 있을 리 만무하다. 곰곰이 생각해 보면 "천동설이 틀렸다는 사실이 밝혀지고 지동설이 자리잡게 되었다"는 선언을 할 수 있기까지 결코 간단치 않은 과정이 있었으리라고 짐작하게 될 것이다.

3 이 이론 이야기는 이 책 6장에 나온다.

_프톨레마이오스의 우주

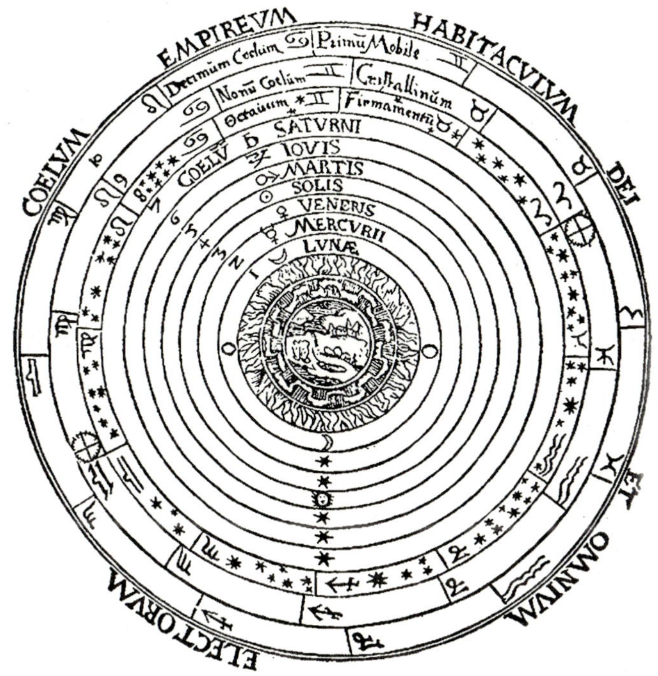

프톨레마이오스가 본 우주

고대인들도 하늘을 열심히 관찰했다. 2천년 전 알렉산드리아 시대의 천문학자 프톨레마이오스(Claudius Ptolemaeus, 90?~168?)[4] 역시 하늘을 관찰했고, 관찰을 토대로 하나의 합리적인 우주 구조를 그려냈다. 아랍인들은 9세기쯤 바그다드에서 프톨레마이오스의 이 책을 그들의 말로 번역하면서 그것에 '가장 위대한 책'이라는 이름을 붙였고, 그것은 이 책의 공식적인 명칭이 되었다.[5] 『알마게스트(*Almagest*)』는 둥근 지구를 중심에 둔 둥근 우주를 그려내

4 Ptolemaios도 통용되는 표기법이며, 영어식으로는 Ptolemy로 표기한다.

고 있었다. 우주 전체뿐만 아니라 태양도 달도 모든 별들도 다 둥글었고, 별들의 운행은 원을 따라 이루어졌다. 이것은 위대한 학자 아리스토텔레스의 생각과 부합했다. 아니, 프톨레마이오스의 우주 체계는 아리스토텔레스적 세계관의 토대 위에서 천체 현상을 관찰함으로써 세워진 구조물이었다. 아리스토텔레스의 체계의 관점에서 볼 때 천계(supra-lunar world)는 완전하고 영원한 세계였고, 완전한 입체는 구, 완전한 평면도형은 원이었다.

_주전원 : 원으로 수상한 궤도 구하기!

문제는 프톨레마이오스와 그의 후계자들이 관측한 몇몇 행성의 궤도가 정확히 원으로 보이지 않는다는 것이었다. 그것은 원이 틀림없는데도 말이다. 원이라면 늘 거리가 일정해야 할 텐데 수성이나 금성까지의 거리는 심각하게 변하는 것처럼 보였다. 게다가 화성 같은 고약한 놈은 가다가 한동안 가던 길을 거꾸로 되돌아가는 역행(逆行) 현상까지 나타냈다. 천계에서 이런 일이 일어나다니……. 위대한 스승 아리스토텔레스 선생께서 "현상을 구하라!(Save the phenomena!)"고 말씀하셨는데……. 하지만 그들은 정말 쿨하게 멋진 해결안을 찾아냈다. 행성들은 그냥 원을 따라 움직이는 것이 아니라 지구를 중심으로 한 커다란 원

---

5 할리프 알 마문(Al-Ma'mun)이 설립했던 '지혜의 집(Bayt al-Hikma)'에서는 그리스와 알렉산드리아 시대의 문헌들이 번역되었다. 이런 번역 작업이 아니었더라면 고대의 문헌 가운데 상당 부분은 유럽 문명에 전수되지 못했을는지도 모른다. 흥미롭게도 유럽인들은 10세기 이후에 스페인 등을 거쳐서 아랍 문명으로부터 역수입된 아리스토텔레스와 프톨레마이오스, 에우클레이데스 등의 고전을 읽게 된다. 이런 의미에서 아랍인들의 번역 작업은 서구 문명사에서 중요한 의미를 갖는다고 할 수 있다.

을 따라 도는 작은 원 즉 주전원(epicycle) 위에 있다. 주전원은 큰 원 위를 움직이고 행성은 주전원 위를 돌고. 이 얼마나 멋진 원들의 향연인가! 연필을 들고 장난을 쳐 보면 알 수 있지만 큰 원의 크기와 주전원의 크기를 조절하고 주전원의 속도와 주전원 위 천체의 속도를 조절하면 수많은 흥미로운 운동의 형태를 얻을 수가 있다. 심지어 위에서 언급한 외행성의 역행도 설명해낼 수가 있다.

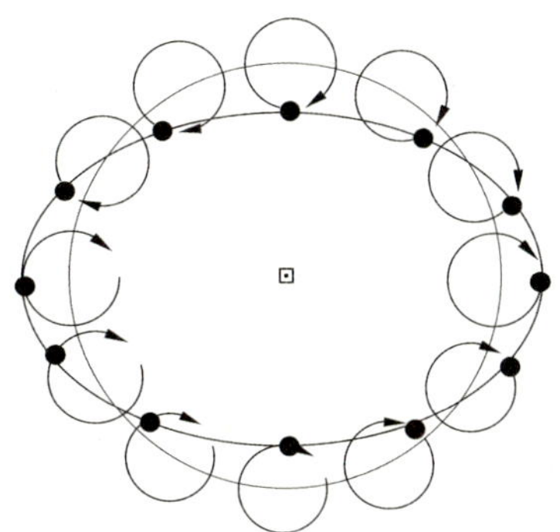

주전원으로 타원 궤도 만들기

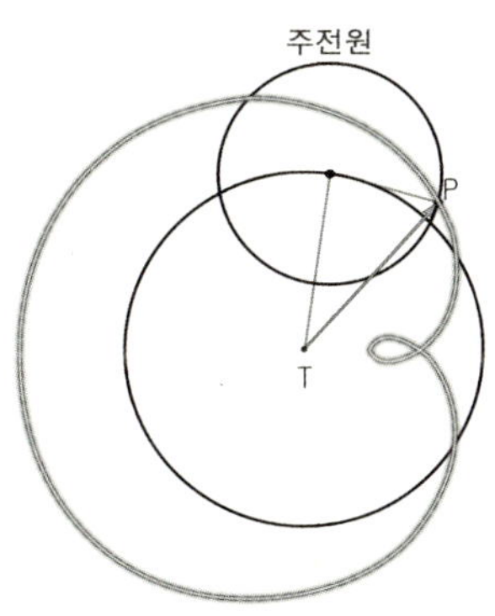

주전원으로 행성의 역행 설명하기

이렇게 해서 몇몇 행성들의 수상한 운동은 프톨레마이오스 천문학을 위협하는 요소가 아니라 오히려 그것의 정밀한 위대함을 드러내는 요소가 되었다. 프톨레마이오스의 후계자들은 날로 새록새록 얻어지는 관측 자료를 알마게스트의 연장선상에서 정확하게 건져내는 고된 작업에서 진리 탐구자로서의 엄숙한 사명을 다하고 있었다.

_코페르니쿠스, 혁명의 불씨를 만들다

코페르니쿠스(Nicolaus Copernicus, 1473~1543)는 천문 관측의 결과를 이처럼 복잡하고도 기묘한 방식으로 설명해내고 있던 프톨레마이오스 체계에 대해 "아냐, 우주의 질서가 이토록 지저분한 모습을 띠고 있을 리는 없어!" 라는 지적 불만을 품은 최초의 인물이었다. 그가 이런 불만을 가지게 된 데는 이탈리아 유학 시절에 그가 접했던 신플라톤주의 사상의 영향이 있었다고 학자들은 말한다. 우주가 단순한 아름다움을 지닌 수적 조화에 따라 구성되고 운행된다는 피타고라스적 신념은 플라톤에게 영향을 미쳤고, 이제 거의 2,000년을 뛰어넘어 코페르니쿠스에게 영향을 미치고 있었다. 코페르니쿠스는 천문학자였고 따라서 당대의 모든 다른 천문학자들과 마찬가지로 프톨레마이오스의 체계를 배우면서 출발했다. 프톨레마이오스의 천문학은 우주의 구조를 담은 유일한 진리의 체계였으니, 그것은 말할 필요도 없이 당연한 일이었다.

그러나 우주의 구조와 운행에 담겨 있어야 할 단순하고 아름다운 수적 조화를 프톨레마이오스의 체계는 보여주고 있지 못했다. 그것은 수많은 주전원과 이심(離心, eccentric) 그리고 그것들보다 코페르니쿠스가 더 못마땅하게 여겼던 대심(代心, equant) 같은 억지스런 수학적 장치들을 여러 겹으로 덕지덕지 붙여서 겨우 우주의 운행을 설명하고 있었다. 그림으로는 그 복잡성이 충분히 드러나지 않을는지 모른다. 그러나 예컨대 화성이 움직여 간 궤적을 어느 정도의 정확성으로 기술해내기 위해서 프톨레마이오스의 체계는 대단히 복잡할 뿐만 아니라 여러 가지 원칙을 끌어들이는 계산을 요구했다.

만일 당시에 문제가 코페르니쿠스의 이런 불만뿐이었다면 우리가 알고 있는 '코페르니쿠스의 혁명'은 어쩌면 다른 인물의 이름과 훗날의 다른 시기를 기다려야 했을는지도 모른다. 하지만 프톨레마이오스의 체계는 또 다른 문제점도 갖고 있었다. 천문학이 지니는 실용성의 중요한 측면은 그것이 역법(曆法)의 바탕이 된다는 것이다. 즉 예나 지금이나 사람들의 생활에 중요한 도구가 되는 달력은 천문학을 토대로 만들어진다. 그런데 프톨레마이오스의 천문학을 토대로 만들어졌던 달력은 계속되는 수정과 보완에도 불구하고 오차가 쌓이면서 사람들의 불만도 쌓여갔다. 이것은 비록 천문학 내부의 문제는 아니었지만 간접적으로 천문학 체계의 변화를 부추기는 요인으로 작용했다.

코페르니쿠스

프톨레마이오스의 체계에 대한 불만을 품게 된 코페르니쿠스는 고대 그리스의 천문학 문헌 속에서 태양 중심의 우주 구조에 관한 이야기를 발견했다. 그것은 태양이 우주의 중심에 위치한다는, 그런 우주 구조가 합리적이라는 고대 그리스 천문학자 아리스타르코스(Aristarchos)[6]의 주장이었다. 아리스타르코스의 태양 중심 우주 구조가 천체의 움직임에 대한 정밀한 관측을 토대로 한 천문학적 탐구의 소산이었다고 보기는 어려울는지 모른다. 그것은 우리가 사는 땅덩어리보다는 차라리 온 우주를 밝히고 덥히는 태양이 우주의 중심에 위치하는 편이 더 합리적인 구조라는, 어쩌면 불 숭배라는 종교적 성향과도 관련이 있다고 추측되는 직관의 산물이었다. 하지만 아리스타르코스의 주장은 그 근거와 상관없이 중대한 역할을 했다. 코페르니쿠스가 자신의 불만을 해소할 수 있는 하나의 발판을 마련해 준 셈이기 때문이다.

아리스타르코스의 태양중심설에 관한 이야기를 접한 코페르니쿠스는 "그렇다, 이렇게 생각해 볼 수도 있구나!"라고 무릎을 쳤을 것이다. 그러고 나서 그는 무려 삼십 년

6 기원전 3세기에 사모스 섬에서 활동했던 인물. 온 우주를 밝히는 불인 태양이 우주의 중심에 있는 구조가 합리적이라고 보았던 피타고라스 학파의 견해를 계승하면서 행성들의 위치 순서까지 매겼다.

이 넘는 세월에 걸친 작업을 통해 프톨레마이오스의 체계를 대신할 하나의 대안을 완성해 간다. 사실 그는 새로운 출발점을 얻은 지 7, 8년 뒤에 이미 프톨레마이오스의 체계를 대체할 천문학 체계의 초안을 잡을 수 있었다. 그의 생각이 담긴 원고는 널리 발표되지 않았지만 일부 천문학자들은 그것을 읽었다. 천문학자들 가운데 점차로 코페르니쿠스의 이론이 지닌 강점을 인정하는 사람들이 생겨났다. 하지만 여전히 주인공은 지나칠 정도로 신중했고, 마치 자기 이론을 공표할 의사가 없는 듯 보였다. 그는 무엇을 두려워했을까? 종교적 박해? 그런 반응은 그가 이론을 완성하던 시점에서는 존재하지도 않았고, 예측되는 바도 아니었다. 그보다는 오히려 더 단순하고도 명료한 사정 즉 모든 사람이 당연하다고 믿고 있는 바에 대해 "아니오! 당신들은 하나같이 잘못 알고 있었소!"라고 말하는 것이 얼마나 어려운 일인가 하는 사정을 우리에게 깨우쳐 준다. 이 상황의 코페르니쿠스를 소심증 환자라고 부르는 것은 경솔한 처사다. 하지만 "그가 혁명가 스타일은 아니었다"는 정도라면 공평한 서술일 것이다.

결국 그의 유명한 저서 『천구의 회전에 관하여(*De Revolutionibus*)』는 그가 죽던 해(1543년)에야 겨우 다른 사람들의 손에 의해 출간되었다. 천년이 넘도록 진리로 군림해 온 프톨레마이오스의 체계에 맞서서 도대체 사태를 달리 보는 것이 가능하다는 사실을 보여준 발상의 전환에 대해 우리는 경의를 표하면서 그의 이름을 천문학 혁명의 대표자로 올리는 데 동의하지만, 그는 혁명가도 아니었고 혁명을 완성한 사람은 더더욱 아니었다. 과학사 연구자들은 코페르니쿠스를 "최초의 근대 천문학자이면서 마지막 프톨레마이오스 천문학자였다"고 평가한다. 그는 실제로 새로운 천문학의 첫 장을 연 인물이었지만 그의 천문학 이곳저곳에는 구시대 천문학의 그림자가 짙게 드리워져 있었다. 그러나 이 역시 너무나도 자연스러운 일이다. 과학에서 일어나는 어떤 과격한 혁명적 변화도 이전 것을 단 한 방에 무(無)의 수준까지 완전히 파괴하고 전적으로 새로운 집을 짓는 방식으로는 일어나지 않는다.

_천문학의 혁명을 완수한 환상의 콤비 : 티코와 케플러

천문학의 혁명에는 두 명의 중요한 인물이 더 필요했다. 한 사람은 덴마크의 귀족이면서 천문 관측의 귀재였던 티코 브라헤(Tycho Brahe, 1546~1601)이다. 티코는 왕으로부터 하사받은 섬에 우라니보르크(Uraniborg)라는 이름의 훌륭한 관측-연구 시설을 지어놓고 하늘을 관찰했다. 망원경이 천문 관측에 도입되기 직전인 당시 관측의 정밀도는 대개 천체의 위치 측정에서 15~20분, 즉 1도의 4분의 1 정도의 오차를 허용하는 것이었는데, 티코는 자기가 직접 설계하고 개량해 나간 훌륭한 사분의(quadrant)나 육분의(sextant) 그리고 천재적인 감각과 성실성을 토대로 대략 오차의 한계가 1분 내외인 정밀한 관측을 실행했다. 그리고 그의 데이터를 차곡차곡 쌓아 갔다. 말하자면 그는 천문 관측에서 당대의 동료 천문학자들에 비해 열 배나 뛰어난 정밀성을 실현하고 있었던 셈이다. 오늘날의 관점에서 본다면 천문 관측에서 1분이 아주 미세한 크기라고 할 수는 없겠지만, 이것이 맨눈 관측으로 이루어진 성과였다는 점을 고려하면 우리는 티코에게 경의를 표하지 않을 수 없게 된다.

천문학자로서 티코는 코페르니쿠스의 새로운 체계에 끌렸다. 관측의 결과도 행성들의 회전 운동의 중심에 태양이 있다고 보는 견해가 더 합리적이라고 말해 주고 있었다. 그러나 그는 지구가 공전한다고 가정했을 때 관

우라니보르크

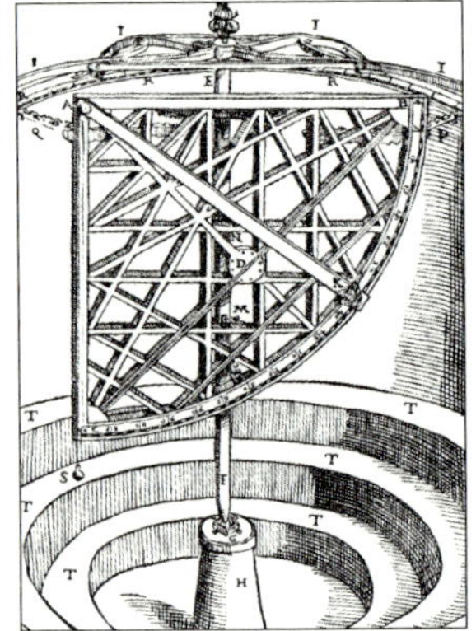

티코의 사분의

측되어야만 할 연주시차(年周視差)를 끝내 자신의 눈으로 확인할 수 없었다.[7] 다시 말해 티코가 보기에 지구는 일 년 내내 항성들에 대해 꼼짝 않고 그 자리를 지키고 있었다. 그래서 그는 결국 우주의 중심에 지구를 놓았다. 그는 관측의 대가답게, 타협하지 않고 자기 관측 결과의 편에 섰던 것이다.

결과적으로 티코는 두 개의 중심을 지닌 이상한 우주 체계를 제시했다. 그의 우주에서 항성 천구를 기준으로 본 우주의 중심에는 지구가 자리잡고 있지만, 수성·금성·화성·목성·토성 등 다섯 개의 행성은 모두 지구가 아닌 태양을 중심으로 돈다.[8]

역사가들은 천문학 혁명의 클라이맥스를 "중심이 지구냐, 태양이냐?"라는 선택에서보다 '완전한 원'에 대한 뿌리 깊은 신념이 폐기된 데서 찾는다. 바로 프톨레마이오스 진영의 천문학자들에게 숱한 주전원을 그리고 또다시 그리고 궤도를 계산하게 했던 신념이다. 그리고 이런 절정은 케플러에게서 이루어졌다.

티코는 자신을 전폭적으로 지원해 주던 덴마크 왕이 죽은 뒤 고국을 떠나 프라하의 궁정 천문학자로 정착했다. 다음 왕과는 사

7 연주시차는 가장 가까운 별의 경우에도 1초 즉 60분의 1분 또는 3,600분의 1도 미만의 크기에 불과하기 때문에, 당시의 기술 수준을 고려할 때 제아무리 천문 관측에 탁월한 재능을 지닌 티코에게도 이것은 당연한 일이었다.

8 그림에서 한가운데 까만 점으로 표시된 것이 지구, 지구 위에 다섯 개의 동심원을 거느리고 있는 것이 태양이다. 태양 위로는 순서대로 수성·금성·화성·목성·토성의 기호가 배열되어 있다.

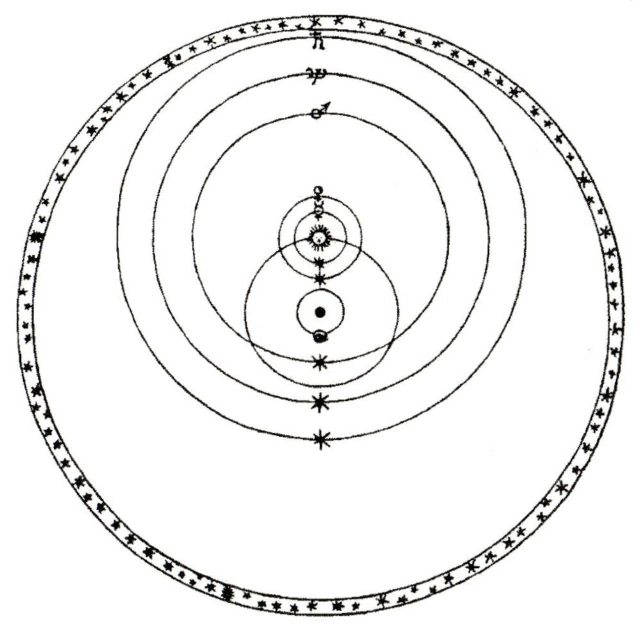

티코의 우주

이가 틀어져 더 이상 우라니보르크가 왕의 지원을 받을 수 없게 되었던 것이다. 그리고 비록 우라니보르크를 통째로 마차에 싣고 떠날 수는 없는 일이었지만, 자신의 천금 같은 천문관측 데이터만은 남겨 두고 올 리가 없었다. 자신의 관측 능력의 이면에서 어떤 한계를 분명히 의식하고 있던 티코는 자기를 도와 천문학의 위대한 업적을 이뤄내게 해줄 인물을 찾았다. 이렇게 해서 티코와 한 팀을 이루게 된 사람은 독일의 신예 천문학자 케플러(Johannes Kepler, 1571~1630)였다. 두 사람은 프라하에서 천문학의 역사상 최고의 드림팀이라고 해도 지나치지 않을 천문학 연구팀을 결성했다. 1600년의 일이었다. 스스로 개발하고 개선해 온 천문관측 도구를 이용해서 허용하는 오차의 수준이 1분 정도에 지나지 않는 정밀 관측을 실현했던

케플러

티코와, 비록 심한 근시로 관측에는 약점을 지니고 있었지만 수학적인 문제를 해결하는 뛰어난 능력이나 수학적 직관의 힘에서 탁월했던 케플러가 만난 것이다. 만일 이 팀이 오랫동안 공동 작업을 수행할 수 있었더라면 17세기 초 천문학에서는 또 어떤 흥미로운 발견이 이루어졌을지 궁금해진다. 하지만 역사의 우연은 다음 해인 1601년 티코의 예기치 못한 죽음을 낳았다.

그러나 티코의 죽음은 코페르니쿠스 천문학의 몰락으로 이어지지 않았다. 티코가 죽은 뒤 질과 양 양면에서 엄청난 그의 천문관측 자료가 합법적으로 케플러의 손에 고스란히 넘어왔고, 케플러는 그 유산을 헛되이 하지 않았다. 20년에 걸쳐 축적된 티코의 데이터가 손에 들어왔다고 해서 단박에 우주의 비밀이 드러나는 것은 아니었다. 코페르니쿠스 천문학의 열렬한 추종자였던 케플러는 행성의 운행에 담긴 규칙성을 정확히 파악하겠다는 일념으로 행성들 가운데서도 제일 까다로워 보이는 화성을 붙들고 씨름하기 시작했다. 코페르니쿠스가 태양과 지구의 자리를 바꿈으로써 화성의 역행은 훨씬 더 합리적으로 설명될 수 있었지만, 화성의 궤도를 수학적으로 정확히 기술하는 일은 여전히 손닿는 곳 저편에 있는 것처럼 보였다. 기하학적 도형을 대수적으로 다루는 수학적 기법이 아직 발달되기 전이었기 때문에 케플러의 작업은 프톨레마이오스 진영 학자들의 그것 못지않게 고된 것이었다. 그러나 그에게는 한낱 가상적인 고안물이라고 생각되는 주전원이 아니라 행성이 지나는 실제 경로를 포착해내고 말겠다는 진보된 문제 의식이 있었다.

케플러가 화성을 붙잡은 뒤 대략 6년의 세월이 흘렀다. 그리고 마침내 케플러는 티코의 자료를 토대로 화성의 궤도를 수학적으로 정확히 기술하는 데 성공했다. 아니, 그런 것처럼 보였다. 그런데 이렇게 진한 노고 끝에 얻어진 최선의 수학적 기술과 티코의 데이터 사이에 아무리 해도 지워지지 않는 8분 정도의 차이가 존재한다는 사실이 확인되었다. 그 차이는 궤도상의 모든 곳에서 나타나는 것도 아니었고, 당시 천문학의 수준에서 8분 정도의 오차는 무시해버리는 것이 당연한 일이었다. 그러나 세상 누구보다도 티코 관측의 정밀성을 잘 알고 있었던 케플러에게 이것은 도저히 덮어버릴 수 없는 간극이었다. '도대체 어디가 잘못되었다는 말인가? 나는 티코의 데이터로부터 출발했고, 내 계산에는 아무리 봐도 잘못된 곳이 없는데…….' 잘못된 것은 '원'이라는 전제였다. 케플러 역시 천체의 운행이 원을 따라 이루어진다는 뿌리 깊은 믿음을 이제껏 의심하지 않고 있었던 것이다.

지극히 단순하면서도 뿌리 깊었던 구시대 천문학의 전제 '원'은 이런 사정을 배경으로 해서 재검토되기에 이르렀고, 결국 폐기되었다. 케플러는 행성의 운동에 관한 세 가지의 법칙을 정리해냈다. 첫 번째 법칙은 '타원 궤도의 법칙'으로서 "행성들은 태양을 한 초점으로 하는 타원 궤도를 따라 움직인다"는 것이고, 두 번째는 태양과 행성을 이은 직선이 같은 시간 동안 쓸고 지나가는(타원상의 부채꼴) 면적은 일정하다는 '면적속도 일정의 법칙'이었다. 행성의 운행에 담긴 비밀을 수학적인 형태로 포착해내는 그의 능력이 발휘되고 있음을 확인하게 된다.

케플러의 세 번째 법칙은 그가 스스로 가장 흡족하게 생각했다는 이른바 '조화의 법칙'이다. 조화의 법칙은 행성의 공전 주기와 그 행성으로부터 태양까지의 거리 사이에 성립하는 흥미로운 규칙성을 표현하고 있다.

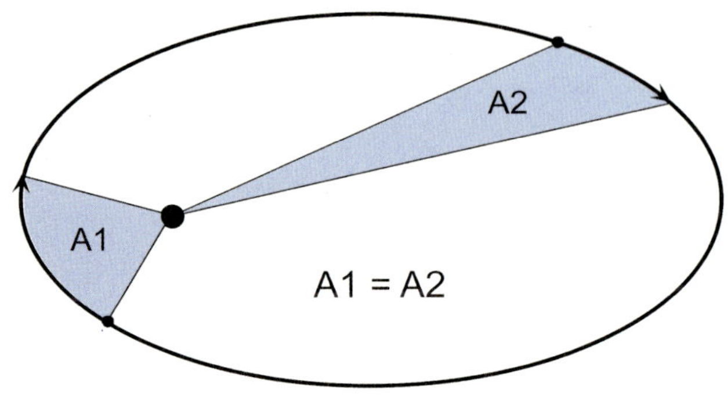

면적속도 일정의 법칙 (제2법칙)

그 법칙은 다음과 같이 쓸 수 있다 :

$$T^2 \propto R^3$$

여기서 T는 공전 주기 즉 행성이 태양 주위를 한 바퀴 도는 데 걸리는 시간[9]을 뜻하고, R은 궤도의 반지름 즉 그 행성과 태양의 거리를 뜻한다.[10] 즉 위의 식은 "주기의 제곱과 거리의 세제곱은 비례한다" 고 읽을 수 있다.

행성들의 운동의 중심을 이루고 있는 태양으로부터 멀리 떨어져 있을수록 한 바퀴를 도는 데 걸리는 시간이 커진다는 생각은 자연스러울 것이다. 돌아야 할 궤도의 크기가 커지기 때문이다. 하지만 예를 들어 태양까지의 거리가 두 배가 되었을 경우(그러면 궤도의 길이 역시 대략 두 배가 되겠다) 주기 역시 두 배가 될 것인지 아니면 네 배가 될 것인지는 사색만 가지고서는 알아낼 수

9 예를 들어 지구가 태양 주위를 정확히 한 바퀴 돌았는지는 어떻게 판단할 수 있을까? 즉 '완전한 한 바퀴' 의 기준은 무엇일까?

10 궤도가 타원 모양이라면서 '반지름' 이라고 하면 이상하게 생각될 수 있겠다. 그래서 다른 문헌에서는 '평균 반지름' 이나 '장축(長軸)의 반지름' 이라고 한다. 대부분의 행성은 거의 원과 흡사한 타원 모양의 궤도를 따라 움직이기 때문에 '평균 반지름' 과 '장축 반지름' 사이에는 별 차이가 없다.

가 없다. 이 경우에도 역시 성공의 길은 믿을 만한 경험적 데이터와 수학을 결합하는 데 있었다. 케플러의 이 제 3법칙은 특히 수성·금성·지구·화성·목성·토성 이 모든 행성들의 움직임이 한 가지 규칙성 아래로 포섭된다는 의미에서 이 우주의 깊고 비밀스런 수학적 조화를 담아내고 있는 것처럼 보였다.

변화는 지나고 나면 아무것도 아닌 일처럼 당연해 보인다. 도대체 왜 우리가 그렇게 생각했던 시절이 있을까 의아해하게 될 정도로. 그러나 그런 변화가 일어나기 위해서는 전혀 다른 관점을 세워 보는 발상의 전환과 더불어 치밀하고도 고집스런 관찰과 기록의 축적, 그리고 그런 관측이 증언하는 실재의 흔적을 최대한 정밀하게 그리고 포괄적으로 끌어안는 통찰력, 또 아무리 미세하더라도 본질적인 차이를 간과하거나 덮어버리지 않는 지적 태도가 있어야 했다. 혁명은 지나가고 나면 자연스러운 일이 되지만, 제대로 된 혁명을 빚어내기는 정말 어려운 일이다.

행성의 운동에 관한 케플러의 법칙들이 정립되면서 천문학의 혁명은 완성되었다. 지구가 우주의 중심이 아니며 다른 여러 행성들과 마찬가지로 태양 주위를 그것도 원이 아니라 타원형의 궤도를 따라 도는 하나의 행성이라는 것이 밝혀졌다. 고대인들의 상식과 일상적 관찰의 토대 위에 아리스토텔레스의 철학적 사색과 프톨레마이오스의 천문학적 작업이 체계화했던 고대 천문학은 이제 역사의 한 장으로 화석화되었다.

천문학의 혁명이 완성되었다는 것은 하나의 평가이다. 그리고 이런 평가는 대개 사후에야, 즉 문제의 사건들 그리고 그것을 둘러싼 상황들과 평가하는 이의 눈 사이에 적절한 거리가 마련되었을 때에야 가능해진다. 케플러는 자신이 천문학의 혁명을 완성하고 있다는 사실을 의식했을까? 그럴 가능성은 차라리 희박하다. 또 케플러가 천문학의 혁명을 완성했다는 것은 이론의 여지가 없는 평가일까? 그것도 아니다. 적어도 두 가지 점이 고려되어야 한다.

우선, 17세기 초반 케플러의 업적이 인정을 받으면서 천문학자들은 코페르니쿠스-케플러의 체계를 수용했지만 세상 사람들이 모두 지동설을 믿게 된 것은 아니었다. 이 혁명은 아직 천문학 내부의 혁명이었고 그것이 바깥으로 전파되는 데는 다시 상당한 시간이 필요했다. 두 번째로, 케플러는 과학의 역사 속에 영원히 빛날 세 가지 법칙을 발표했지만 도대체 왜 그런 규칙성이 성립하는지는 설명할 수 없었다. 예를 들어 그가 가장 흡족하게 여겼다는 조화의 법칙에서 왜 행성의 공전 주기와 태양까지의 거리 사이에 그런 규칙성이 성립하는 것인지 그는 알지 못했다. 숫자들의 더미 속에서 그런 규칙성을 건져낸 그의 수학적 통찰은 눈부신 것이었지만 거기까지가 그의 몫이었다. 케플러 역시 거기서 한 걸음 더 나아가려는 '왜?'의 지적 욕구를 느꼈고, 그의 이런 욕구와 문제 의식은 역사가들이 '케플러 문제'라고 부르는 문제의 전통을 낳았다. 비록 케플러의 문제는 케플러에 의해 해결되지 않았지만 그 이후 과학이 이룩한 중대한 발전의 실마리가 되었다.

근대 역학, 기초를 닦다

05

_역학이라는 학문

스턴트맨 K군은 며칠 전 3층 건물의 창문에서 아래 길에 주차된 자동차의 지붕 위로 뛰어내리는 장면을 촬영한 일이 있다. 그는 수년간 축적된 경험에 비추어 어느 정도의 충격이 있을지 예상할 수 있었다. 3층쯤이야……. 그는 가볍게 촬영을 마쳤다. 그런데 이번엔 9층에서 뛰어내리는 임무가 주어졌다. 웬만한 고수가 아니면 엄두를 못 낼 장면이다. 아래쪽 자동차에는 특수 고안된 충격 흡수 장치를 했다고 하지만 과연 충분할까? K군도 이번엔 적잖은 불안을 느낀다. 스태프들도 9층에서 보조 와이어 없이 맨몸으로 뛰어내리는 장면은 처음인 눈치다. "3층과 9층은 과연 얼마나 다를까?"[1]

3층과 9층에서의 점프가 가져올 충격의 크기에 대해 얼른 "삼삼은 구, 세 배쯤일 것!"이라고 대답한 사람은 조금 경솔했다. 대개 1층은 노면과 같은 높이에 위치한다는 점을 고려할 때 3층에서 뛰어내리는 경우 두 층, 9층에서 뛰는 경우 여덟 층의 높이를 낙하하는 셈이다. 그렇다면 답은 네 배일까? 꼭 그래야 할 이유는 당장 눈에 띄지 않는다. 아니면 4의 제곱인 16배쯤일까? 아니면 4의 세제곱? 아니, 혹시 지면에 떨어지는 순간 받는 충격의 크기는 낙하한 높이나 높이의 제곱에 비례하는 것이 아니라 다른 변수에 의해 좌우되는 것은 아닐까?

만일 이런 문제 상황을 만난다면 물리학자가 유용한 조언을 줄 수 있다는 사실을 상기하라. 낙하, 운동 거리, 속도와 가속도, 충격의 크기 같은 말을 들으면 물리학자는 당장 "앗, 그것은 물리학 문제 같네요!"라고 반응할 것이다. 더 정확히 말하자면 그것은 물리학에 속하는 하위 분야들 가운데서도 '역학(力學, mechanics)'이라고 불리는 영역의 문제다. 물리학에서도 가장 오랜 역사를 지녔을 뿐만 아니라 가장 기본이 되는 분야라고 할 만한 역학은 물체의 운동을 다룬다. 역학의 역사를 서술하려면 최소한 고대 그리스-알렉산드리아 시대의 인물이었던 아르키메데스까지 거슬러 올라가야 하겠지만, 여기서는 근대 역학이 자리를 잡던 장면을 중심으로 살펴보기로 하자.

1 한편 여기서 우리가 "이런 물음에 정확한 도움을 줄 전문가는 누구일까? 건축학자? 아니면 정형외과 전문의?"라고 묻는다면 두 가지 낙하로 인한 충격의 차이를 따지는 과학적 물음과 달리 메타적 물음으로 눈을 돌리고 있는 것이다.

_천문학의 혁명과 갈릴레이

케플러에 이르러 천문학의 혁명은 완성되었다. 아직 코페르니쿠스의 우주 구조는 '세인들의 상식' 자리를 차지하는 데까지 이르지 못했지만, 행성의 운행에 관한 세 개의 법칙은 분명 근대 천문학의 토대가 완성되었음을 말해 주고 있었다. 그런데 바로 여기서 다음 물음이 생겨나고 있었다. 도대체 케플러가 찾아낸 규칙성의 근거는 무엇인가?

도대체 왜 행성은 타원 모양의 궤도를 따라 움직이고, 한 행성의 반지름 벡터 곧 그 행성과 태양을 이은 직선이 같은 시간 동안 쓸고 지나가는 면적은 왜 일정하며, 주기의 제곱과 궤도 반지름의 세제곱이 모든 행성에서 일정한 비를 이룬다는 아름다운 규칙성은 도대체 왜 성립하는 것일까? 왜 주기는 반지름에 비례하거나 반지름의 제곱에 비례하지 않는 것일까? 물론 '조물주가 그렇게 만드셨다'는 대답도 가능한 선택지겠지만, 그런 대답은 더 이상 근대인의 눈에 만족스러운 것일 수 없었다.

이런 물음은 케플러의 마음속에서도 싹을 틔웠고, 그는 행성들의 운동이 나타내는 규칙성의 배후에 어떤 보편적인 '힘'이 있다고 생각했다. 그리고 그는 그 힘의 정체를 밝혀 보려 했다. 그러나 그 힘의 정체는 케플러의 눈앞에 모습을 드러내지 않았다. 물론 케플러는 그의 세 법칙들만으로도 이미 과학의 역사에 영원히 남을 만한 업적을 세운 뒤였다. 그것들은 현상을 구하는 것들이었을 뿐만 아니라 우주의 질서가 머금고 있는 고도의 수학적인 아름다움을 보여주는 것이었고, 그 질서가 어떤 광범위한 통일성을 지녔다는 사실을 암시하는 것이었다. 이런 케플러의 업적은 17세기의 많은 과학자들에게 영감을 주었다. 조금 뒤에 살펴보겠지만 결국 근대 역학의 완성이라고 할 만한 뉴튼의 역학 이론은 이른바 '케플러 문제'

즉 케플러가 간파해 낸 이런 규칙성의 배후에 깔린 그 어떤 힘의 정체를 규명해 보려는 문제 의식이 낳은 산물이라고 해도 과언이 아니다. 근대 역학의 발달 배경에 천문학의 문제가 숨어 있는 셈이다.

결론부터 말하자면, 케플러 문제를 풀어낸 사람은 케플러의 『우주의 조화(*Harmonice Mundi*)』가 발표되고 약 70년이 흐른 뒤의 뉴튼이었다. 이처럼 케플러의 문제는 천문학의 경계를 넘어 역학이라는 영역에 와서야 해답을 찾았다. 그리고 케플러의 문제를 해결한 것은 근대 역학이 이룩한 첫 번째 위대한 업적이었다. 하지만 우리는 뉴튼이 그 위대한 역학의 체계를 확립하기까지 수많은 진리 탐구자들의 노고가 있었음을 잊어서는 안 될 것이다. 그 중에서도 최소한 한 사람, 근대 역학의 선구자 갈릴레오 갈릴레이(Galilieo Galilei, 1564~1642)는 언급되지 않으면 안 된다.

천동설·지동설 이야기를 어느 정도 정확히 알고 있는 사람이라면 천문학의 혁명을 이룩한 주인공인 코페르니쿠스나 케플러가 아니라 엉뚱하게도 갈릴레이가 지동설 때문에 교회로부터 위협과 고초를 당했다는 사실 때문에 의아해했을 법하다. 또 그 때문에 코페르니쿠스나 케플러보다 갈릴레이가 천문학의 혁명에서 주도적 역할을 수행한 인물이라는 전혀 빗나간 평가는 아니지만 왜곡된 판단에 끌렸을 수도 있겠다. 하지만 지동설을 정립한 학문적 공로는 코페르니쿠스·티코·케플러 세 사람에게 돌리는 것이 더 적절하다. 하지만 그들은 천문학이라는 전문 영역 안에서 활동하며 천문학 동료들에게 읽힐 저술들을 발표하는 전문 학자의 영역에 머물렀던 데 비해 갈릴레이의 영향력은 천문학자들 그룹이나 심지어 학인(學人)들의 범주를 넘어 흘러나왔던 것이 문제였다. 더구나 그는 아리스토텔레스의 학문 체계에 대한 정면 도전을 의식하고 있었고, 그의 뛰어난 문학적 역량과 더불어 왕성한 사회적 활동 성향은 자연히 그를 위험 인물로 만들었다. 그의 저서와 강의는 사람들에게 코페르니쿠스의 체계를 설득력 있는 것으로 만들었고 보수 진영은 결국 그의 입을 틀어막지 않을 수 없다고 판단하게 되었던 것이다.

갈릴레이는 전형적인 천재 과학자였다. 그는 예리한 관찰의 시선과 수학적 사유의 능력을 지녔었고 게다가 이 둘을 결합하는 힘을 발휘했다. 그가 보여준 또 하나의 특징은 대단히 광범위한 지적 관심 그리고 거기서 연유하는 광범위한 탐구였다. 또 그는 자신의 탐구에 필요한 도구와 기계를 다루고 개선하고 또 만들어내는 능력까지 발휘했다. 그는 당시 세상에 등장했던 망원경을 몸소 개선해 가면서 점점 더 정밀한 관측의 경지로 접근해 갔고, 그것으로 태양의 흑점과 목성의 위성 등을 관측했다.[2] 망원경은 이미 세상에 등장해 있었지만 그것을 천문 관측에 활용하여 과학적 업적을 이룬 것은 그가 최초였다.

청소년기의 그가 피사(Pisa)의 성당에서 천정에 매달려 흔들리는 램프를 보고 진자의 등시성(等時性)을 파악했다는 이야기는 유명하다. 실에 추를 매달아 흔들리게 해보라. 여러 번 계속 왕복 운동을 하도록 두고 보면 매번 왔다갔다하는 데 걸리는 시간이 대략 일정하다는 사실을 간파할 수 있을 것이다. 하기야 일정한 폭으로 계속 진동하는 진자의 경우 한 번 왕복에 걸리는 시간이 들쑥날쑥하지 않고 일정하다는 것은 우리가 얼핏 생각해도 그럴 듯한 자연스러운 규칙성이다.

진폭이 달라지면 어떻게 될까? 크게 흔들리는 진자와 작은 폭으로 진동하는 진자의 경우 한 번 진동에 걸리는 시간은 아마 이에 대한 사전 지식이 없는 상태에서 나올 법한 대답과 달리 일정하다. 더 정확히 말하자면 진자가 진동하는 데 걸리는 시간은 오로지 진자의 길이

2 이것들은 하나같이 아리스토텔레스-프톨레마이오스 천문학에 대한 위협을 의미하는 사항이었다.

에 따라서만 좌우되고, 진폭이나 추의 무게 같은 요소와 무관하다. 이 일화는 갈릴레이의 예리한 관찰력을 예증하는 사례인 동시에 그가 시간을 잴 수 있는 간편하고도 정확한 도구를 확보했다는 사실을 함축하는 것이기도 하다.[3]

갈릴레이는 수학의 눈으로 현상을 관조했다.[4] 그리고 갈릴레이의 수학적 감각은 그가 근대역학의 기초를 마련하는 데 중대한 기여를 하게끔 만들었다. 그런데 수학적 감각이란 단지 다양한 현상들 속에 새겨져 있는 수학적 규칙성을 간파한다든가 그런 규칙성을 수학적 언어로 요령 있게 표현한다든가 하는 능력만을 뜻하는 것이 아니었다. 그것은 실제로 관찰된 데이터에 정확히 나타나 있지 않은 어떤 이상적인 규칙성을 끄집어내는 능력을 포함하는 것이다. 하지만 갈릴레이의 이런 면모를 살펴보기에 앞서 그가 등장하던 시대의 과학 특히 운동에 관한 이론의 상황을 살펴보자.

_무엇이 돌멩이를 날아가게 하는가?

운동을 기술하고 설명하는 일은 아리스토텔레스의 자연학(physika)에서도 다루어

3 이 일화는 갈릴레이의 예리한 관찰력을 예증하는 사례인 동시에 그가 시간을 잴 수 있는 간편하고도 정확한 도구 즉 시계를 확보했다는 사실을 함축하는 것이기도 하다. 그는 진자 진동의 등시성을 확인하는 과정에서 자기 손목에서 뛰는 맥박을 활용했다고 한다. 맥박의 간격이 일정하다는 것은 이런 사유 과정에 숨은 또 하나의 가정이지만, 경험에 근거한 일반화로 인정할 수 있을 것이다. 그는 맥박을 토대로 진자의 등시성을 확인했고 후자를 실험에서 정확한 시간 측정의 도구로 활용할 수 있었다. 그는 관찰과 일종의 직관을 결합하면서 점점 더 정밀한 측정 쪽으로 상승해 갔고, 그렇게 해서 가능해진 정밀한 측정은 정밀한 자연법칙을 파악하는 핵심적인 토대가 되었다.

4 갈릴레이는 이렇게 말한다 : "우주[라는 책]를 읽으려면 우리는 먼저 그 책이 쓰여진 언어에 익숙해지지 않으면 안 된다. 그 책의 언어는 수학이고, 글자는 삼각형과 원 같은 기하학적 도형들이다."

졌던 주제였다. 하지만 이미 천문학의 역사에서 살펴볼 수 있었던 것처럼 아리스토텔레스의 운동 이론은 몇 가지 결정적인 선입견을 뼈대로 하고 있었다. 그 선입견은 우리의 일상적 관찰과 꽤 잘 부합하는 것이었지만 계속 확장되고 또 정밀해져 가는 인간의 경험을 일관성 있게 해명해 줄 수 있는 토대는 아니었다.

운동 이론과 관련하여 아리스토텔레스 전통이 깔고 있는 핵심적인 전제 가운데 하나는 "모든 운동에는 원인이 있다"는 것이었다. 얼핏 들으면 당연한 것처럼 생각되는 이 전제는 고대 운동 이론에서 근대 역학으로의 변화에서 하나의 매듭 역할을 한다. 이와 관련하여 생각해 볼 주제는 투사체의 운동이다. 실제로 그것은 운동 이론에서 중요한 토론거리이기도 했다. 공중을 향해 비스듬히 힘껏 던져 올린 돌멩이의 움직임을 생각해 보자. 누구나 비슷한 경험을 해보았겠지만, 힘껏 내던져진 돌멩이는 한동안 공중을 날다가 저만치에 떨어진다. 이 현상에서 과학자라면 무엇에 관심을 기울일 것인가?[5]

우선 운동 이론은 무엇이 그 돌멩이를 날아가게 만들었는지 설명해야 한다. 돌멩이의 운동을 낳은 원인은 물론 그것을 던진 손이라고 해야 할 것이다. 더 정확하게 '손의 빠르고 힘찬 운동'이었다고 해도 좋겠다. 하지만 손이나 그것의 운동으로 설명할 수 있는 부분은 돌멩이가 손을 떠나기 직전까지의 운동뿐이다. 도대체 돌멩이가 손을 떠난 뒤에도 한동안 공중을 날아 전진하는 이유는 무엇인가? 만일 이 물음이 괴이해 보이고 도무지 이해되지 않는다면 그것은 학교에서 배운 근대 역학의 내용이 우리를 이미 훈련시켜 두었기 때문인지도 모른다. 문제는 만일 손이 투사체의 운동 원인이라면 손이 물체와 분리

5 더 이상 이런 현상이 설명을 해야 할 고민거리가 되지 않는 오늘날의 과학자가 아니라 갈릴레이 시대의 과학자를 상정해야 할 것이다.

된 상황에서 어떻게 그것에 영향을 미쳐 계속 날아가게 만들 수 있겠느냐는 물음이다. 그럴 듯한 문제 제기가 아닌가? 아무 접촉도 없이 물건을 밀거나 끌어당길 수 있는가?

우리는 여기서 A의 작용으로 인해 B의 운동이 일어나려면 A와 B가 서로 닿아 있어야 한다는 자연스러운 전제를 분석해내게 된다. 실제로 이와 같은 생각은 나중에 뉴튼이 그의 위대한 역학을 체계화했을 때 도대체 서로 거리를 두고 떨어져 있는 물체가 서로에게 중력을 작용하여 운동을 결정한다는 뉴튼의 아이디어에 대한 반발을 낳기도 했다. 보편 중력의 개념과 결부된 이른바 '원격 작용(action at a distance)' 개념에 대한 저항이었다. 이런 문제 상황에서 아리스토텔레스의 사상을 계승한 중세의 학자들은 기발한 아이디어를 냈다. 그것은 손을 떠난 뒤 돌멩이를 움직이는 것이 '공기'라는 생각이었다. 이것은 어쩌면 공중을 날아가는 투사체에 적용 가능한 유일한 해결안이었는지도 모르겠다. 돌멩이가 날아가는 동안 그것과 지속적으로 접촉하고 있는 것은 공기뿐이었기 때문이다.

처음엔 돌멩이를 던지는 손의 빠른 움직임이 돌멩이를 똑같이 빠른 속도로 전진시킨다. (그리고 이제 막 돌멩이가 손을 떠나는 순간을 생각해보자.) 돌멩이의 이런 급격한 이동은 어떤 결과를 수반하는가? 돌멩이는 새로운 자리로 옮겨졌다. 그 자리는 원래 빈 자리였나? 정확히 말하자면 그렇지 않다. 우주엔 빈 곳이 없다.[6] 그 자리는 원래 공기가 차지하고 있던 자리다. 그러나 공기는 갑자기 어떤 급격하고 강제적인 원인에 의해 이동해 온 돌멩이에 자리를 내줄 수밖에 없었다. 이 공기는 어디로 갔을까? 공기는 비록 눈에 보이지 않지만 무(無)가 아니라 엄연한 존재자(entity)라는 사실을 고대인들도 이미

6 이 역시 고대 그리스인들의 기본적인 생각이었다. 이런 생각은 "자연은 진공을 싫어한다(horror vacui)"는 명제와도 결부되어 있다.

뚜렷이 의식하고 있었다. 원래 자리에서 밀려난 공기는 어디론가 이동할 수밖에 없다. 마침 알맞은 자리가 있다. 바로 돌멩이가 원래 차지하고 있던 자리다. 물론 이런 일은 숙고나 망설임의 절차 없이 자연의 이치에 따라 즉각적으로 일어난다. 손을 떠난 돌멩이를 공중에서 앞으로 전진시키는 것은 바로 이렇게 급하게 돌멩이의 뒤쪽으로 밀려든 공기다. 그리고 이것에 의해 다시 돌멩이는 앞으로 밀리고 또 그 운동 때문에 자리를 빼앗긴 공기가 돌멩이의 뒤쪽으로 몰려들면서 돌멩이의 전진 운동을 유발한다.

이런 설명이 도대체 마음에 드는가? '진심으로 그렇다'고 말할 사람은 적을 것이다. 하지만 막상 이 설명에서 어떤 점이 잘못되었는지, 그리고 그것을 어떻게 반박할 것인지를 대답해 보려고 하면 상황은 달라진다. 단지 이상해 보인다는 이유로, 또는 마음에 들지 않는다는 이유로 의견을 기각하는 것은 과학적인 태도가 아니다. 과학은 어떤 견해를 지지할 때도 그렇지만 공격할 경우에도 논리와 경험에 토대를 두어야 한다.

다음과 같은 공격은 어떨까? 두 개의 창이 있다고 하자. 두 창은 같은 재료로 만들어졌고 같은 굵기 즉 단면적에 무게도 같다. 단, 하나는 앞뒤를 뾰족하게 깎은 데 비해 다른 하나는 양끝이 평면이 되도록 뭉툭하게 다듬었다. 같은 힘으로 두 창을 던지면 어느 것이 공중을 더 잘 날아갈까?

먼저 우리의 직관은 어떻게 대답하는가? 학습과 일상적 경험을 통해 이미 어느 정도 세련된 우리의 직관은 대개 뾰족한 창이 더 잘 날아갈 것이라고 답할 것이다. 하지만 아리스토텔레스의 계승자들은 어떻게 답할 것인가? 그들은 뭉툭한 창의 편을 들어야 할 것으로 생각된다. 왜 그런가? 두 창이 같은 속도로 날기 시작했다고 가정하면, 두 창의 단면적이 같기 때문에 앞쪽에서 밀려난 동일한 양의 공기가 창의 뒤쪽을 밀 것이다. 그런데 뭉툭한 뒷면에 비해 뾰족한 창끝은 뒤쪽으로 몰려든 공기에 의해 효과적으로 밀리지 않을 것이다. 창이 아주 가벼운 재질로 되었다고 생각하고 서로 다른 모양의 끝부분에 입김을 불어 앞으로 민다고 생각해 보라. 이런 상황은 실제로도 그리 어렵지 않은 실험을 통해 확인할 수 있다. (실험의 결과가 분명히 드러나도록 하려면 창의 굵기를 늘이고 가벼운 재료를 쓰면 좋을 것이다.)

_투사체 안에 새겨 넣어진 원인 : 임페투스 이론

실제로 투사체의 운동에 대한 아리스토텔레스식의 설명에 대해 이와 같은 비판이 제기되었고, 그것은 운동 이론을 한걸음 진보하게 했다. 날아가는 돌멩이의 운동은 바깥에서 공기가 그것을 밀어서 일어나는 것이 아니다. 공기는 오히려 투사체의 운동을 방해하는 요인일지언정 운동을 일으키는 원인은 아니다. 투사체를 움직이게 하는 원인은 투사체 안에 들어 있다. 그런데 어떻게 해서 돌멩이 안에 운동의 원인이 생긴 것일까? 이것은 돌멩이를 던진 손의 운동이 돌멩이 안에 운동의 원인을 새겨 넣었다고 보면 되지 않을까? 실제로 이와 같은 생각은 14세기의 뷰리당(Jean Buridan) 등에 의해서 '임페투스 이론'이라는 운동 이론으로 구체화되었고, 임페투스 이론은 아리스토텔레스 전통의 운동 이론으로부터 근대 역학을 탄생시키는 교량 구실을 했다.

임페투스는 투사체 안에 새겨 넣어진 운동의 원인을 가리킨다. 이것을 오늘날의 과학적 개념으로 번역해 본다면 무엇이 될까? 혹시 그것은 '힘(force)'이 아닐까? 이런 가능성에 끌리는 바가 없지는 않지만, 뉴튼 이후의 역학에서 "힘은 운동의 원인이 아니라 가속도의 원인"이라고 해야 옳을 것이다. 즉 운동이 있다고 해서 힘이 존재하는 것이 아니라 운동의 변화 즉 운동 속도의 크기나 방향이 변하는 경우에만 힘의 크기를 논할 수 있다. 투사체를 전진하게 하는 원인으로서의 임페투스와 근대 역학의 힘을 동일시하기는 어렵겠다. 그렇다면 운동량(p)이나 운동에너지(E_K)는 어떨까? 그것들은 힘보다 나은 후보가 될 듯하다.

$$p = mv$$

$$E_K = \frac{1}{2}mv^2$$

(단, m은 질량, v는 속력)

운동량과 운동에너지의 크기는 각각 위와 같은 식으로 표시되는데, 둘 다 물체가 0이 아닌 속도를 지니기만 하면, 즉 움직이고 있기만 하면 어떤 크기를 갖게 되므로 힘보다 더 그럴 듯한 후보가 될 만하다. 하지만 운동량이나 운동 에너지는 엄밀히 따지자면 '운동을 일으키는 원인'이라기보다 '운동으로부터 측정된 크기'이다. 다시 말해 그것은 운동이 발생하고 나서야 규정될 수 있는 양이며, 운동의 원인보다 그것의 결과라는 측면에서 고찰하는 편이 더 적절한 개념들이다. 방금 한 토론은 머리를 조금 복잡하게 하는 것이었지만, 짧게 정리하면 : 투사체의 운동을 설명하기 위해 고안되었던 개념인 임페투스는 오늘날의 물리학적 개념과 일대일 대응시키기 어려워 보인다.

_낙하 운동을 실험실 안으로 끌어들이다

측정할 수 있는 것은 측정하라. 측정할 수 없는 것은 측정 가능하게 만들라.

— 갈릴레이

다시 갈릴레이로 돌아오자. 갈릴레이는 아리스토텔레스식의 운동 이론과 임페투스 역학이 공존하던 시대에 자랐다. 피사대학에서 그를 가르친 베네데티(Giambattista Benedetti)는 당시 임페투스 역학의 대표적 인물이었는데, 갈릴레이는 스승의 영향을 받으며 자연스럽게 아리스토텔레스 운동 이론에 대한 비판적 관점을 형성해 갔다. 그러나 그의 비판적 정신은 운동에 대한 탐구에서도 여실히 힘을 발휘하여, 그는 아리스토텔레스와 베네데티의 가르침을 포함하는 어떤 기존의 견해에도 안주하지 않고 결국 근대 역학으로 이어지는 한걸음을 내디뎠다.

그는 운동을 측정했고, 거기서 수학적 규칙성을 찾아냈다. 그의 작업은 근대 역학의 명실상부한 초석이 되었다. 그의 대표적인 업적으로 낙하 법칙과 관성의 개념을 거론해 보자. 낙하 법칙이란 (지구 중력의 영향을 받아서) 자유로이 낙하하는 물체의 위치 변화에 관한 법칙이다. (앞에서 언급했던 스턴트맨의 뛰어내리기 이야기는 낙하 법칙의 관점에서 분석될 수 있을 것이다.) 독자들 중에서도 다음과 같은 식을 기억하고 있는 사람이 적지 않을 것이다.

$$s = \frac{1}{2}gt^2$$

여기서 s는 물체가 낙하한 거리, g는 중력가속도, 그리고 t는 시간을 뜻한다. 비록 갈릴레이가 정확히 저렇게 생긴 식을 적었던 일이 없음에도 불구하고 오늘날의 과학 교과서에 어김없이 등장하는 이 식은 그의 작품이라고 해도 과언이 아니다.[7] 그에겐 아직 중력이라는 개념이 존재하지 않았고 자연히 중력가속도 g 역시 존재하지 않았다. 위의 식을 갈릴레이의 시점에 어울리는 형태로 다시 쓰면 다음과 같을 것이다 : $s \propto t^2$.

낙하한 거리는 낙하하는 데 걸린 시간의 제곱에 비례한다. 단위는? 이런 물음을 떠

7 저 식은 실제로 '갈릴레이의 낙하 법칙' 이라는 이름으로 불린다.

올린 사람도 있겠지만, 여기서 단위는 어떤 것을 택해도 상관이 없다. 거리를 미터로 재든 척(尺)으로 재든 아니면 뼘으로 재든 시간을 초 단위로 재든 분 단위로 재든 아니면 얼른 진자를 하나 만들어 흔들린 횟수만 가지고 시계를 삼든 앞의 비례식은 똑같이 성립한다.[8]

그런데 저런 법칙을 갈릴레이는 어떻게 알아냈을까? 물론 실험이라는 경로를 통해서였으리라! 그러나 그 실험이란 구체적으로 어떤 방식으로 이루어질 수 있었을까? 높은 곳에서 아래로 떨어져 내려오는 물체에 대해 시간과 위치의 관계를 알아내는 일이 생각보다는 그리 쉽지 않다. 이쯤에서 피사의 탑을 등장시켜 보는 것은 어떨까? 갈릴레이가 피사의 탑 꼭대기에서 가벼운 쇠공과 무거운 쇠공을 동시에 떨어뜨리는 실험을 통해 두 물체의 낙하를 비교했다는 이야기는 한 번쯤 들어보았을 법한 것이지만, 실은 역사가들에게서 별로 신뢰를 얻지 못하고 있는 일화다.

하지만 피사에서 자라고 또 오랫동안 활동한 갈릴레이가 낙하 운동에 관심을 가지고 있었다면 그 유명한 탑에서 어떤 형태로든 낙하 실험을 했을 수는 있는 일 아닌가? 물론 그럴 수 있다. 그러나 문제는 '실제 실험의 방법' 이다. 우리는 과학에서 실험이 중요하다는 사실을 알고 있다. 그러나 실험은 결코 쉬운 작업이 아니다. 실험이 어려운 것은 아주 복잡한 실험 기구나 장치를 다뤄야 한다든가 경우에 따라 계기를 오랫동안 계속 주의해서 들여다보아야 하는 일 때문은 아니다. 과학자들은 그런 일을 '어렵다' 고 하지 않는다. 어려운 것은 실험을 고안하는 일이다. 내가 알아내고 싶은 사항을 정확히 알아내기 위해서는 도대체 어떤 실험을 해야 하는지가 문제인 것이다. 과학도들이 과학

8 저 식이 '자연법칙' 을 담고 있다면 당연히 그래야 하지 않을까? 미터나 인치 그리고 초, 분 같은 척도는 결국 인간이 정한 것이다. 진정한 자연법칙이라면 보편성을 지닐 것이고, 따라서 어떤 단위를 채택하는가와도 상관없이 성립해야 할 것이다.

교과서에서 배우고 부분적으로 실험 실습 시간에 하게 되는 실험은 사실 선배 과학자들의 수많은 고심과 번득이는 아이디어, 그리고 "앗, 이렇게 하면 그 현상을 확인하게 될 줄 알았는데 실패로군!" 하는 숱한 시행착오를 거쳐 걸러지고 정련된 것들이다.

우선 실험에서 '무엇을 측정할 것인지'를 결정했다면 벌써 꽤 큰일을 한 셈이다. 이론적 연구를 할 때나 실험을 할 때나 웹 서핑을 할 때나 늘 마찬가지로 '내가 찾으려는 게 무엇인지' 정확히 인식하고 있다면 성공을 향한 중요한 조건 하나가 충족되었다고 할 수 있다. 낙하 실험에서 갈릴레이는 (낙하) 시간과 (낙하한) 거리의 관계를 알고자 했다. 그리고 진자의 등시성을 간파한 갈릴레이에게 시간을 잴 도구는 이미 마련되어 있는 셈이었다. "진자가 한 번 왕복하는 동안 낙하하는 거리와 두 번 왕복하는 동안의 낙하 거리(등등)를 비교하면 시간과 낙하 거리의 관계가 어떻게 나타나는가?" 이 물음에 답하려면 어떤 실험을 해야 할까?

피사의 사탑처럼 높은 곳에서 물체를 떨어뜨린 뒤에 진자가 한 번 왕복했을 때 물체가 도달한 위치와 그 다음번 제자리로 돌아왔을 때의 위치 등을 표시하고 처음 높이로부터의 거리를 재면 될 일이 아닌가?[9] 그렇다! 하지만 한 걸음만 더 구체적으로 생각해 보자. 진자가 한 번 왕복했을 때와 두 번째 왕복이 끝났을 때 물체가 도달한 위치를 어떻게 표시할 수 있을까? 한 가지 아이디어는 물체와 함께 뛰어내리는 것이

9 단, 물체가 떨어지기 시작하는 순간과 진자의 운동이 시작하는 순간을 정확히 일치시켜야 할 것이다!

다. 물체와 함께 떨어지면서 탑의 벽면에 순간순간 표시를 남길 수 있지 않을까?[10]

아마 이모저모로 머리를 굴려 그럴 듯할 뿐만 아니라 낙하 실험에 실제로 적용가능한 신선한 아이디어를 짜낸 사람도 있을 것이다. 예를 들어 언젠가 과학 교과서에서 만날 수 있었던 일정한 시간 간격으로 콕콕 점을 찍어대는 장치와 긴 종이 테이프를 이용한 실험이 생각났다면 또 하나의 훌륭한 해법을 떠올린 셈이다. 갈릴레이의 해법은 무엇이었을까? 그의 해법은 경사면이었다.

갈릴레이는 그림과 같은 경사면을 만들고 가운데 홈을 파서 공이 똑바로 굴러 내려올 수 있게 만들었다. 그는 이와 같은 경사면을 통해 낙하를 훨씬 더 관찰하기 쉬운 현상으로 만들었다. 피사의 탑에서 낙하하는 물체의 운동을 관찰하는 일에 있어 가장 중요한 어려움 가운데 하나는 문제의 현상이 짧은 시간에 걸쳐 빠른 속도로 일어난다는 점이었다. 경사면은 바로 이러한 어려움을 효과적으로 해소시켜 주었다. 공중에서 일어나는 이른바 자유 낙하에 비해 경사면을 따라 이루어지는 낙하는 속도가 느렸고, 더 긴 시간에 걸쳐 한층 정밀하게 관찰할 수 있었다.[11]

어떤 이유에서든 관찰하기 어려운 현상

10 하지만 이 경우 (안전 문제를 잠시 접어둔다고 해도) 뛰어내리는 사람은 자기가 행동을 취해야 할 순간을 어떻게 알 수 있을까? 탑 위에서 소리를 질러 알려주면 될까?

을 실험실 안으로 끌어들여 실험자 스스로 여러 가지 조건을 조절해 가면서 관찰할 수 있도록 하는 것이 실험의 기본적인 성격이다. 실험은 자연에서 일어날 수 없는 현상을 인위적으로 만들어내는 것이 아니다. 그런 일은 불가능하다. 실험은 들여다보고 싶은 자연의 한 조각을 실험실 안으로 끌어들이는 일이다. 그리하여 그것을 마음껏, 자연이 부여할 수 있는 다양한 조건들을 최대한 조절해 가면서 관찰하는 일이다. 이런 의미에서 실험은 자연의 어떤 부분을 어떻게 끌어들일지를 결정하는 탐구자의 기획과 실험에 얽힌 제약 조건들을 조절하는 그의 개입이 포함된 적극적인 형태의 관찰이라고 할 수 있다.

_갈릴레이는 왜 경사면을 그토록 매끄럽게 다듬었나?

갈릴레이는 낙하 현상을 끌어당겨 경사면 위에 올려놓았다. 그러나 그것이 허공에서 일어나는 낙하에 대해 무슨 가르침을 주는가? 뉴튼 역학의 관점에서 말하자면 경사면의 기울기를 θ라고 할 때 경사면을 따라 자유롭게 떨어져 내려오는 물체의 가속도는 $g\sin\theta$이고 경사면을 따라 낙하한 거리와 시간의 관계는

$$s' = \frac{1}{2}gt^2\sin\theta$$

로, 여전히 $s' \propto t^2$의 관계가 충족된다. 즉 한마디로 경사면에서도 (가속도의 크기가 다를 뿐) 낙하 법칙의 핵심적 요소는 고스

11 여기서 "아니, 경사면을 따라 내려오는 운동과 자유 낙하는 다른 현상이 아닌가? 어떻게 전자를 통해 후자를 탐구할 수 있다는 것인가?"라는 의문이 떠올랐다면 아주 자연스러운 일이다. 과학 시간에 두 경우에 모두 낙하 시간과 거리의 관계가 $S \propto t^2$의 특성을 보인다는 사실을 배우고 왜 그런지 이해했던 독자라도 '갈릴레이가 어떻게 두 현상 사이의 그런 유사성을 알 수 있었을지' 생각해 보기 바란다. (그런 유사성을 확신하지 못한 상태로는 경사면이 그에게 별 도움을 주지 못했을 것이다.)

란히 드러난다. 하지만 뉴튼 역학의 체계화를 아직 수십 년은 더 기다려야 하는 상황에서 이런 추론은 불가능했을 것이다. 도대체 그는 어떻게 경사면에서의 낙하가 수직 낙하를 대신할 수 있다는 판단을 내릴 수 있었을까?

이 문제를 생각해 보기 전에 또 하나의 중요한 질문을 다루어야 한다. 경사면에서 과연 s'에 관한 위의 식과 같은 규칙성이 갈릴레이의 눈앞에 나타났을까? 이 물음 앞에서 우리를 망설이게 하는 요소는 마찰이다. 경사면을 굴러 내려오는 쇠공의 전진 거리는 바닥면과 공 사이의 마찰로 인해 위의 식이 나타내는 것보다 작아지고, 비례 관계 역시 정확히 $s \propto t^2$가 실현되지 않는다. 예컨대 진자가 한 번 왕복하는 동안 내려온 거리를 재서 l이라고 하면 두 번 왕복하는 동안 내려올 거리는 $4l$이 되어야겠지만 실제로는 마찰 때문에 $4l$보다 조금 작아진다.

여기서 갈릴레이는 아마 마찰이—또는 그가 그것을 어떤 이름으로 불렀든 경사면과 공 사이에 생기는 부대낌과 그에 따른 일종의 손실이—문제가 된다는 사실을 감지했을 것이다. 맨 처음 그다지 세심한 주의를 기울이지 않고 제작한 경사면을 따라 공이 굴러 내려올 때는 미세하게나마 덜그럭거리는 소리를 냈을 것이고, 갈릴레이처럼 예리한 실험자는 그것이 허공에서의 수직 낙하와 이 경사면에서의 낙하라는 두 상황 사이의 간격을 의미한다는 사실을 간파했을 것이다.[12] 그는 경사면을 더 매끄럽게 손질했다. 공도 완전한 구형에 가깝도록 더 다듬었다. 그는 이런 작업을 통해 실험의 결과가 달라진다는 사실을 예견하고 또 확인할 수 있었을 것이다. 그러나 물리학자가 아니라도 추측할 수 있는 것처럼, 이 실험에서

12 사실 허공에서의 낙하에도 이런 방해 요소는 존재한다. 공기와의 마찰이다. 만일 그런 마찰이 없다면 수백 미터 높이의 구름에서 출발한 하찮은 빗줄기도 우리에게 치명적인 위협으로 다가올것이다.

마찰 같은 방해 요소는 결코 완전히 제거되지 않는다. 실은 대부분의 실험이 마찬가지다.

하지만 과학자는 이렇게 완전히 제거해 버릴 수 없는 잡음 속에서 순수한 자연의 신호를 읽어내야 한다. 물론 이런 일은 쉽지 않다. 그러나 가능한 일이다. 우선 갈릴레이는 여러 차례 유사한 실험을 반복했을 것이 분명하다. 그는 이미 경사면과 공의 표면을 더 매끄럽게 손질해 가면서 실험을 거듭해 왔지만 그것만으로는 부족했다. 이제 그는 경사면의 기울기를 다양하게 변화시켜 보았다. 공이 구르는 속도가 달라졌고, s와 t의 관계도 일정하게 유지되지 않고 달라지는 것 같았다. 그러나 갈릴레이는 수학적인 통찰을 가지고 그의 눈앞에 나타난 여러 벌의 숫자들 속에 담겨 있는 어떤 경향을 읽어냈다. 그리고 그는 거기서 $s \propto t^2$이라는 관계를 건져냈다.

_이상화!

이것은 일종의 '이상화(idealization)'이다. 이상화는 실제로는 구현할 수 없는 이상적인 조건(ideal condition)을 가정하고 그런 조건하에서 나타날 결과 즉 예를 들자면 마찰도 공기 저항도 전혀 없는 상황에서 일어날 낙하 운동을 그려내는 것이다. 이런 이상화는 굉장히 어려운 일 같기도 하고 또 어찌 보면 눈으로 직접 확인할 수 없는 사태에 대해 서술한다는 의미에서 일종의 거짓말이니 실제 경험을 소중히 여기는 과학자가 과연 해도 좋은 일인지 의심이 들기도 한다. 그러나 이상화는 보지도 못한 것을 본 것처럼 보고하는 거짓말과는 다를 뿐만 아니라[13] 과학적으로 결정적인 장점을 갖고 있다.

우선 우리는 이상화가 실제 현상과 동떨어진 것이 아니라는 점에 유의해야 한다. 이상화는 오히려 철저하게 실제 경험에 토대를 두지 않으면 안 된다. 오로지 다양한 조건 아래 촘촘하게 수집된 풍부한 데이터만이 성공적인 이상화를 가능하게 할 것이다. 이상화의 중요한 이점은 폭넓은 영역의 현상에 대한 설명의 힘, 다시 말해 보편적인 설명력을 뒷받침한다는 것이다. 이상화를 거치지 않고 순수하게 실험이 산출한 액면 그대로의 결과에서 출발하여 귀납적인 방식으로 낙하 법칙을 써내려갔다고 해보자. 이 법칙은 아마도 그 실험이 수행된 경사면의 기울기, 바닥의 상태, 공 표면의 상태, 공기의 밀도 등 특정한 조건 하에서는 갈릴레이의 낙하 법칙보다도 실제 관찰의 결과와 더 정밀한 일치를 보일 것이다. 그러나 그것과 다른 조건 아래 일어나는 낙하 현상에 대해서는 그 법칙의 적용 효력이 급격히 감소하게 된다. 그렇다면 과학자는 새 조건에 맞도록 낙하 법칙을 다시 고쳐 써야 할 것이다. 이런 방식으로 한다면 예를 들어 '경사가 15도인 경우의 낙하 법칙', '박달나무로 만든 공의 낙하 법칙' 등 수많은 낙하 법칙들이 만들어지게 될 것이다. 그러나 이것은 과학이 선호하는 방향이 아니다.

한편 이상화를 통해 얻은 법칙은 비록 어떤 현실적인 조건 아래 일어나는 현상에 대해서도 완전히 정확한 설명이나 예측을 제공하지 못하겠지만, 반면 모든 상황에 일관성 있게 적용 가능한 특성을 지닌다. 다만 과학자는 이 때 그녀가 설명하거나 예측하려는 문제의 구체적인 상황에 대한 정보를 파악하고 그 중에 낙하에 영향을 미치는 요소들을 가려내어 실제 상황과 이상적인 조건 사이의 차이를 가늠할 수 있어야 할 것이다.

13 순전히 논리적인 관점에서 보더라도 이상화의 결과는 "만일 이상적인 조건이 주어진다면, P라는 관계가 확인될 것이다"의 꼴로 표현되므로 '만일 ……이라면'이라는 조건이 결코 충족되는 법이 없다고 해도 거짓이 되지는 않는다.

뉴튼, 역학의 체계를 완성하다

06

천재! 그러나 그에게도 역시 대화가 중요했다

뉴튼 역학, 천계와 지계를 완전히 통일하다!

히포테세스 논 핑고!

뉴튼의 프리즘과 결정적 실험

살짝 끼워 넣지만 아주 중요한 이야기 : 과학 단체의 성립

갈릴레이는 다양한 형태의 운동에 대한 관찰과 실험이라는 요소를 이상화라는 교량을 통해 수학과 성공적으로 결부시킴으로써 근대 역학의 기초를 마련했다. 역학은 역사적 맥락에서 볼 때 물리학의 기초에 해당하는 부분이고, 근대 역학의 정립은 물리학이 자연과학의 맏딸로 우뚝 홀로 서는 사건을 의미했다. 그러나 기초가 마련되었음에도 불구하고 아직 근대 역학은 완성되지 않았다. 어떤 훌륭한 일도 단번에 이루어지는 법은 없다. 만일 단번에 휘리릭 하고 이루어진 것처럼 보이는 업적이 있다면, 그 배후에 깔린 수많은 예비적 사건들과 준비의 누적이 우리 눈에 두드러지지 않았을 뿐이다.

근대 역학의 정립이 뉴튼(Isaac Newton, 1642~1727)에 와서 이루어졌다는 데 이의를 제기할 사람은 별로 없을 것이다. 하지만 앞 장에서 논의된

갈릴레이의 업적을 다시 한 번 떠올려 보자. 그는 천문학과 역학 양쪽에서 모두 중대한 공헌을 세웠다. 그는 낙하 법칙을 제대로 파악했고 나중에 뉴튼 운동 법칙의 첫 번째 항이 될 관성의 개념에도 도달했다. 그렇다면 그에게 모자랐던 것은 무엇이었나?

뉴튼

사실 이런 질문은 좋은 질문이 아니다. 무엇을 대답해야 할지 막막하게 하는 막연한 질문이라는 점도 그렇지만, 역사적 공헌을 놓고 부정적 관점에서 '거기에 무엇이 빠졌었나?' 하고 묻는 것은 생산적인 접근법이 아니다. 하지만 우리는 근대 역학의 발달 과정을 조금 더 생생하게 들여다보려는 목적으로 갈릴레이와 뉴튼을 비교하면서 이렇게 묻는다: 두 사람 사이에 가로놓인 간격의 핵심은 무엇이었나? 그것은 실험이나 수학적 사유에 관한 능력의 차이라고 생각되지 않는다. 그것은 다만 도달한 지점의 차이였다. 그리고 두 사람이 도달한 지점의 핵심적인 차이는 통일성의 폭이었다.

갈릴레이는 코페르니쿠스-케플러의 새로운 천문학을 가장 먼저 그리고 적극적으로 받아들였을 뿐만 아니라 여전히 견고했던 구시대 천문학의 아성을 강력하게 뒤흔든 뛰어난 천문학 연구자였다. 그리고 그는 역학의 발달 과정에서 가장 혁혁한 공로를 세운 인물이었다. 그러나 그에게 천문 현상과 역학적 현상은 별도의 이야기였다. 또 그런 의미에서 여전히 아리스토텔레스의 두 세계 이야기는 유효성을 유지하고 있었다고도 말할 수 있다. 그러나 이제 뉴튼 역학은 천계와 지계를 꿰매어 동일한 법칙에 복종하는 하나의 세계를 만들었다. 뉴튼 역학은 행성의 움직임과 진자의 진동과 빗면을 굴러 떨어지는 공의 속도를 하나의 틀에서 설명해냈다. 과학적 정신은 자연을 관통하는 법칙성을 움켜쥐고자 한다. 그리고 과학의 정신은 자연법칙이 보편적이기를 기대한다. 그런 기대가 늘 만족되는 것은 아니다. 자연은 때로 영역에 따라 중요한 점에서 서로 다른 특성을 드러내 보이기도 한다. 그러나 과학자의 마음은 이처럼 하나의 원리가 이 사건 또는 이러저러한 조건에 맞는 제한된 현상에 적용되는 것이 아니라 '모든 현상에 적용된다'고 말할 수 있을 때 지고의 충족감을 경험한다. 뉴튼 역학은 분명 과학의 역사 속에서 그런 대표적인 장면 가운데 하나였다.

_천재! 그러나 그에게도 역시 대화가 중요했다

뉴튼에 관한 글들을 읽어 보면 "아, 이런 사람이라면 위대한 학문의 업적을 낳을 수밖에 없겠구나!" 하고 느끼게 된다. 그는 타고난 천재적 사고력과 고도의 집중력을 지니고 있었을 뿐만 아니라 한 가지 문제에 몇 달이고 몇 년이고 끈질기게 매달리는 끈기를 지닌 사람이었다고 한다. 아마 이런 사람이 실패하는 것은 거의 불가능한 일이 아닐까 싶다.

열아홉 살이던 1661년에 케임브리지대학에 입학한 뉴튼은 나중에 자신에게 교수직을 물려준 수학자 배로우(Isaac Barrow)의 강의를 들으면서 체계적인 과학 공부를 시작했다. 그는 다른 한편으로 케플러와 갈릴레이, 보일, 그리고 데카르트의 책들을 읽었다. 그러던 중 그는 유럽에 몰아닥친 흑사병 때문에 폐쇄된 학교를 떠나 1665년부터 1666년까지 일 년 반 동안 어머니의 농장에 내려가 칩거했는데, 이 기간이 그에게는 대단히 중요한 시기가 되었다. 운동 이론과 보편중력의 법칙, 미적분법 등 그의 중요한 업적들을 위한 아이디어가 거의 이 시기에 모습을 갖추었기 때문이다. 우리는 대개 중요한 과제가 주어졌을 때 그것을 부둥켜안고 밤낮으로 씨름을 해서 해결하려 한다. 그러나 서둘러 문제의 멱살을 잡으려는 조급한 마음을 풀고 느긋하게 물러나 앉아 사태를 다시 관조할 때 문제의 사태가 더 또렷하고 투명하게 보이는 일은 결코 드물지 않다.

Never be afraid to sit awhile and think!
(Lorraine Hansberry, 1930~1965)

사실 젊은 시절 뉴튼의 탐구열은 역학에서보다 광학(光學, optics)에서 먼저 꽃을 피웠다.[1] 과학사 연구자들이 '기적의 해'라고 부르는 그의 칩거 시기가 지나고 1666년경에는 이미 그의 머릿속에 보편중력과 운동 법칙의 요체가 떠올랐지만 그 이후 그의 연구는 역학이 아니라 광학과 연금술 같은 영역에 집중되었다. 하지만 지금은 그의 역학 이야기를 하려고 한다.

뉴튼이 역학으로 돌아온 것은 1670년대 말이었던 듯싶다. 칩거 시기의 뉴튼도 그랬지만 당시 과학자들 가운데는 케플러의 법칙들을 설명해 줄 한 단계 더 일반적인 이론을 궁리하는 이들이 꽤 있었다. 후크(Robert Hooke)도 그랬고, 왕립학회의 발족에 중추적 역할을 했던 렌(Christopher Wren)도 그랬고, 핼리혜성의 발견으로 유명한 핼리(Edmund Halley)도 그랬다. 후크는 1679년 뉴튼에게 쓴 편지에서 케플러 문제에 관한 자신의 아이디어를 적어 보내면서 뉴튼의 의견을 물었는

1 뉴튼은 손수 반사망원경을 제작할 정도로 광학에 심취했었고 프리즘을 이용한 실험을 통해 빛의 본성을 탐구해 1672년에 왕립학회에서 「빛과 색에 관한 새로운 이론」이라는 논문을 발표하기도 했다. 그러나 광학에서 그의 견해와 대립했던 당대의 대가 로버트 후크와의 대결을 너무나도 힘겨워했던 그는 결국 그의 광학을 담은 위대한 저서 『Opticks』를 후크가 죽은 이후인 1704년에야 세상에 내놓았다.

데, 이 내용은 뉴튼의 머릿속에서 오래된 문제를 다시 끌어내기에 충분한 것이었다. 후크는 거기서 이미 거리의 제곱에 반비례하는 힘의 개념을 제안하고 있었기 때문에 1687년 뉴튼의 보편중력 법칙이 발표되었을 때 후크는 그가 자기 아이디어를 도용했다고 주장하기도 했다.

과학에서는 이처럼 '이것이 전적으로 누구의 아이디어인지'를 가려내기 어려울 때가 많다. 하지만 어찌 보면 그것은 과학의 본성이라고 해야 옳을는지도 모르겠다. 왜냐하면 과학에서 정말 중요하고 커다란 업적들은 대개 처음부터 끝까지 한 사람의 머리에서 나오는 것이 아니라 많은 사람들의 아이디어가 서로 교환되면서 부대끼고 서로 비판과 보완을 주고받는 가운데 성장하고 세련되어져서 성취되는 것이기 때문이다. 이런 사정은 아이디어에 국한된 것만도 아니다. 뉴튼의 『프링키피아』가 세상 빛을 보게 된 더 직접적인 계기도 과학자들간의 대화였다. 뉴튼과 더불어 케플러 문제를 고민하고 있던 핼리가 1684년 뉴튼을 찾아와 "거리의 제곱에 반비례하는 힘을 받는 물체가 어떤 운동을 할 것인지" 물었고 뉴튼은 이 물음에 망설이지 않고 "타원 궤도를 따라서!"라고 대답했다. 핼리는 뉴튼에게 이러한 관계를 수학적으로 증명해 달라고 부탁했고 뉴튼은 이런 부탁에 응해 논문을 작성하기 시작했다. 『프링키피아』는 바로 이 논문 작업이 중심을 이루면서 확장되어 이루어진 저서라고 한다. 이렇게 볼 때 그것은 후크-핼리-뉴튼 세 사

PHILOSOPHIÆ
NATURALIS
PRINCIPIA
MATHEMATICA.

Autore *J S. NEWTON*, *Trin. Coll. Cantab. Soc.* Mathefeos Profeffore *Lucafiano*, & Societatis Regalis Sodali.

IMPRIMATUR.
S. PEPYS, *Reg. Soc.* PRÆSES.
Julii 5. 1686.

LONDINI,
Juffu *Societatis Regiæ* ac Typis *Jofephi Streater*. Proftat apud plures Bibliopolas. *Anno* MDCLXXXVII.

1687년판 『프링키피아』의 표지

람의 상호작용이 낳은 산물이라고 해도 지나치지 않을 것이다.

_뉴튼 역학, 천계와 지계를 완전히 통일하다!

『프링키피아』에 담긴 뉴튼 역학의 가장 중요한 골격은 보편중력의 법칙과 운동의 3법칙이라고 할 수 있다.

보편중력의 법칙 : 질량이 각각 M과 m인 두 물체 사이에는 항상 다음과 같은 크기의 인력이 작용한다.

$$F_g = G\frac{Mm}{r^2}$$ (단, G는 상수이고 r은 두 물체 사이의 거리)

뉴튼의 운동 3법칙

제1법칙 : 관성(慣性)의 법칙

제2법칙 : 힘과 가속도의 법칙 $F = ma$

제3법칙 : 작용-반작용의 법칙

세 개의 운동 법칙 가운데서도 "에프는 엠에이"라고들 읽는 제2법칙은 막대한 적용 범위를 가진 역학의 핵심 법칙이라고 할 수 있다. 등호 왼편의 F는 힘을 뜻하고 오른편의 m은 질량 그리고 a는 가속도를 의미한다. 달랑 세 글자와 등호로 이루어진 이 짧은 식이 뭐 그렇게 중요한 식일 수 있다는 것일까? 이 식의 1차적인 의미는 힘이 주어지면 가속도가 결정된다는 것이다. 가속도란 무엇인가? 속도가 변화하는 양상을 뜻한다. 다시 말해 가속도는 운동이 어떻게 변하고 있는가를 말해 주는 요소다. 예컨대 가속도의 크기가 0이라면 속도의 변화가 없다는 것이니 그 물체는 일정한 속도로 즉 일정한 속력으로 원래 방향을 유지하면서 (즉 직선을 따라) 움직인다.[2] 만일 가속도의 크기가 0보다 크다면 속력이 원래 운동 방향으로 점점 증가하고 있음을 뜻하고 반대로 가속도가 0보다 작을 경우 속력이 감소하고 있음을 의미한다. 만일 어느 물체에 작용하는 모든 힘에 대해 완벽한 정보를 갖고 있다면 나는 그 물체가 장차 어떤 방식으로 움직일지를 알 수 있는 셈이다. 여기에 지금 그 물체가 어디에 있고 어떤 속도로 운동하고 있는지에 관한 정보를 더한다면 나는 그 물체의 운동에 관한 한 현재와 미래의 '모든 것'을 알고 있는 셈이다. 수학적인 방식으로 말하자면 가속도를 시간을 따라 적분하여 속도를 얻고 속도를 적분하여 운동 거리 즉 위치의 변화를 알아낼 수 있다.

힘을 알면 운동이 어떻게 전개될지 알 수 있다! 그렇다면 문제는 힘을 파악하는 데 달려 있겠다. 하지만 주어진 상황 속에 얽혀 있는 모든 힘을 완벽하게 알아내는 방법은 없다. 그렇다면 도대체 이 일은 어디서부터 실마리를 풀어갈 수 있을까? 그것은 아마도 과거의 운동을 차근히 관찰함으로써 시작해야 하는 작업일 것이다. 과거로부터 현재까지의 운동으로부터 "여기에는 이런 특성을 지닌 힘이 작용하고 있는 것 같다"라는 추측으로 나아가고 힘에 대한 이런 추측은 다시 운동에 대한 계산을 낳아 실제로 관찰된 자료와 비교할 수 있게 된다.

뉴튼의 역학이 보여준 가장 강력하고 인상 깊은 성공은 케플러의 법칙들을 설명해낸 일이었다. 이미 말한 것처럼 케플러의 법칙들은 과학적인 탐구 정신이 이룩한 성공의 전형적인 사례였다. 특히 크기도 운동 속도도 제각기 다른 여러 개의 행성이 동일한 규칙성의 지배를 받는다는 사실을 수학적인 형태로 보여주는 조화의 법칙은 자연 탐구자

2 이 때 '일정한 속력'은 0일 수도 있다. 즉 정지해 있는 물체에 외부에서 아무런 힘도 작용하지 않는 경우 그 물체는 정지 상태를 유지한다.

들의 주목을 끌기에 충분한 것이었다. 그런데 뉴튼의 역학 법칙들은 이런 케플러의 법칙을 한두 가지 간단하고도 합리적인 가정으로부터 출발하여 연역해내는 데 성공함으로써 그 힘을 가장 명료하게 보여주었다.[3] 이것은 케플러 문제라는 당대의 한 중요한 과제를 해결했다는 것 이상의 의미를 갖는다. 뉴튼 역학은 이렇게 해서 코페르니쿠스로부터 시작되었던 천문학 혁명의 알짜배기 산물, 17세기 새로운 천문학의 가장 발달되고 수학적으로 정제된 연구 성과를 끌어안아 포섭해 버린 것이었다.

하지만 뉴튼 역학의 힘은 근대 천문학의 성과를 설명해 줄 수 있다는 데서 그치지 않았다. 그 힘은 그것이 도달한 완전한 보편성(universality)에 있었다. 뉴튼 역학은 천계의 현상만을 위한 것도 아니었고 지계에서 일어나는 일들에만 적용 가능한 것도 아니었다. 그것은 모래알보다 더 작은 알갱이로부터 태양과 그것을 둘러싼 행성들의 체계처럼 거대한 규모의 대상에까지 똑같이 적용되는 법칙들의 체계였고, 물속에서나 공기 중에서나 또 우리 눈에 검은 밤하늘로 비치는 저 광활한 우주 공간에서도 동일한 유효성을 지니는 이론이었다. 그것은 지구의 움직임도 달의 움직임도, 또 피사성당의 천정에 매달린 램프의 흔들거림이나 경사면을 따라 굴러 내려오는 쇠공의 운동도 모두 동일한 방식으로 설명해낸다.

뉴튼이 활약하던 시기에도 이른바 아리스토텔레스주의의 영향력은 여러 영역에서 건재했다. 예를 들어 이런 보수 진영의 학자들은 그의 중력 개념에 대해 "어떻게 서로 (공간적으로) 분리된 상태에서 서로를

3 행성의 회전 운동에서 회전의 반경 즉 태양과 행성 사이의 거리를 r이라 하고 각속도를 ω라고 하면 그 회전 운동의 원심력의 크기는 $F=mr\omega^2$가 된다. 한편 이와 같은 원심력에도 불구하고 행성이 궤도를 따라 돌도록 하는 것은 태양과 행성 사이에 작용하는 중력이라고 볼 때, 앞의 원심력은 $F=G\frac{Mm}{r^2}$과 평형을 이루게 된다. 따라서 $mr\omega^2=G\frac{Mm}{r^2}$이라고 놓고 각속도 ω의 크기가 $\frac{2\pi}{T}$(단, T는 행성의 회전 주기)임을 이용하면 우리는 r과 T즉 행성의 공전 반지름과 공전 주기 사이에 성립하는 관계를 계산해낼 수 있다.

잡아당기는 효과가 나타날 수 있다는 것인가" 하는 비판을 제기했다. 바로 앞 장에서 언급된 '먼 거리에서의 작용'에 대한 비판이었다. 임페투스 이론을 소개할 때 언급되었듯이, 작용이 최소한 어떤 접촉을 필요로 한다는 생각은 합리적인 것이었다. 뿐만 아니라 뉴튼 역학은 "왜 그런 인력이 존재한다는 것인지"에 대한 해명의 요구에도 도무지 명쾌하게 답할 수 없었다.[4] 하지만 그런 곤궁에 처하면서도 뉴튼 역학은 위축되지 않았고 오히려 빠른 속도로 과학적 업적의 전형(典型)이 되었다.

뉴튼 역학은 또 하나의 과학적 혁명을 의미했다. 과학혁명(scientific revolution)이라고 부를 만한 과정의 전과 후를 비교하면 종종 이전에는 중요한 의문거리가 되어 마땅했던 사항이 이후에는 아예 과학적 토론의 대상에서 탈락해 버리는 경우를 목격하게 된다. 즉 과학에 중대한 변혁이 일어나고 나면 '과학적인 물음'의 목록이 부분적으로 변하게 되는 것이다. 뉴튼이 그의 역학을 제시했던 무렵엔 꽤 아픈 질문이었던 '중력은 왜?' 같은 물음이 18세기 초반 이후엔 더 이상 물어지지 않는 잊혀진 물음이 되었던 사실을 보아도 알 수 있다. 이것은 결코 어떤 강압이나 속임수에 의한 변화가 아니었다. 뉴튼 역학은 셀 수 없을 만큼 다양한 종류의 현상들에 대해 정밀하면서도 수학적으로 아름다운 설명을 제공하는 데 성공함으로써 비판자들의 마음을 자연스럽게 녹이고 비판의 의지를 누그러뜨렸다.

4 뉴튼 시대로부터 3세기가 흐른 지금 우리는 왜 중력이 존재하는지 답할 수 있는가? 만일 누군가 중력이라는 현상에 대해 "질량체에 의한 주변 공간의 휨" 같은 현대적 설명을 제공하려 한다면, 똑같이 "어째서 질량체는 주변의 공간을 만곡(彎曲)시키는지" 질문할 수 있을 것이다. (과학적) 설명은 언제나 그 자체는 설명의 대상이 되지 않는 부분을 남긴다. 우리는 설명의 근거와 또 그것의 근거를 무한히 묻고 대답할 수 없다. 그러나 묻는 이와 대답하는 이가 공통적으로 받아들일 수 있는 기반을 확보하면 그 위에서 충분한 설명이 이루어질 수 있다.

_히포테세스 논 핑고!

이쯤에서 뉴튼의 과학 방법론을 한번 들여다보자. 과학 방법론이란 "과학 탐구는 어떻게 해야 하는가?"라는 물음에 대한 답변쯤으로 생각하면 되겠다. 뉴튼처럼 위대한 성공을 거둔 과학자의 예는 찾기 어려우니, 더욱이 그런 성공의 비결 같은 것을 묻는 심정으로 그의 방법론 즉 그가 탐구의 과정에서 어떤 원칙이나 태도 같은 것을 견지했는지 살펴보기로 하자. 사람들은 다음과 같은 하나의 문장이 그의 탐구 태도를 집약적으로 보여준다고 말한다: "히포테세스 논 핑고(Hypotheses non fingo)!" 그리고 이 라틴어 문장을 우리말로 옮기면 "나는 가설을 만들지 않는다" 정도가 된다. 이 말의 의미는 무엇인가?

뉴튼의 과학적 태도가 담긴 이 문장의 의미를 새겨보기 위해 『프링키피아』의 마지막 부분에 있는 한 문단을 인용해 보자.

> "앞에서 우리는 중력이라는 것을 가지고 천체들의 현상을 설명했지만, 중력의 원인이 무엇이라고는 말한 바 없었다. [……] 나는 이제껏 현상으로부터 중력이 지닌 이런저런 특성의 원인을 발견해낼 수 없었다. 그리고 나는 가설을 만들지 않겠다. 현상으로부터 연역되지 않은 것은 그 무엇이든 가설이라 불려 마땅한데, 그 어떤 종류의 것이든 가설은 실험철학(Experimental Philosophy) 속에 발붙일 곳이 없기 때문이다."

여기서 읽어낼 수 있는 뉴튼의 과학적 태도는 어떤 것인가? 그것은 한마디로 실험철학의 정신이라고 할 수 있을 것이다. 그리고 우리는 실험철학이 '현상으로부터 이끌어낼 수 없는 것은 인정하지 않으려는 태도'를 견지하고 있다는 사실을 알아차릴 수 있다. 실험철학의 정신은 근대의 과학 정신을 특징짓는 하나의 핵심적 요소이다. 그것은 베이컨(Francis Bacon, 1561~1626)의 사상에 뿌리를 둔 것인 동시에 17세기 아일랜드 출신의 유력한 자연철학자 보일(Robert Boyle)에게서 한층 더 구체화된 정신이었다. 자연의 비밀을 탐구하려는 자는 눈앞에 드러난 현상에서 출발하고, 모든 주장의 근거를 거기에 두어야 한다. 경험적으로 확인 가능한 현상과 결부시킬 수 없는 주장은 가부를 논하기 이전에 과학적인 토론의 대상이 될 수 없다.

우리는 위의 문맥에서 뉴튼이 거부하고 있는 '가설'의 개념을 조심스럽게 이해해야 한다. 거기서 그는 그 말을 특수한 의미로 한정하여 사용하고 있기 때문이다. 예나 지금이나 과학자에게 가설은 중요한 도구다. 어떤 현상을 설명할 수 있는 법칙이나 이론이 아직 확립되어 있지 않은 경우 과학자는 '자연이 이런 특성을 (혹은 법칙을) 가지고 있다면……' 이런 사고 방식을 작동시켜 가설을 세우고, 그것의 타당성을 문제의 현상 그리고 연관된 다른 현상들에서 검토한다. 가설이 이와 같은 검토를 통해 계속 살아남는 경우 그것은 어느 날부턴가 그 분야에서 법칙으로 불리게 되기도 한다. 만일 그가 이런 의미의 가설을 배격하려 한다면 이해하기 힘든 일일 것이다. 하지만 여기서 뉴튼은 가설을 이런 일반적인 의미에서가 아니라 그가 추종하는 실험철학의 정신이 배제하는 어떤 것으로 서술하고 있다.

예를 들어 중력의 특성에 대한 서술은 그가 여기서 말하는 가설의 범주에 포함되지 않는 것으로 보인다. 중력이 항상 당기는 힘의 성질을 갖는다든가 거리의 제곱에 반비례한다는 것은 가설이 아니다. 그런 주장들은 현상과 결부시킴으로써 타당성을 확인할 수 있기 때문이다. 뉴튼의 문장에서 '현상으로부터 연역'이라는 표현은 조금 느슨하게 해석되어야 할 것이다. 연역(deduction)은 원래 엄밀한 논리적 도출을 의미하는 개념이다. 그러나 예컨대 보편중력의 법칙이 행성의 공전 같은 현상으로부터 그런 좁은 의미에서 연역되었다고는 말하기 어렵다. 그것보다는 "현상을 토대로 추론되었고 다시 현상에 적용됨으로써 타당성이 검토된다"는 의미에서 중력 법칙은 현상과 결부되어 있다.

하지만 예를 들어 '중력이 존재하는 것은 물질들간의 사랑 때문'이라는 주장이나 '신의 의지가 중력의 원인'이라는 주장은 어떤가? 그런 주장은 물론 현상으로부터 직접 연역될 수 없을 뿐만 아니라 현상을 토대로 지지할 수도 기각할 수도 없는 성격의 것들이다. 여기서 뉴튼은 이처럼 현상에서 그 근거를 찾을 수 없는 주장 즉 실험이나 관찰을 통해 그 내용의 타당성을 판단할 수 없는 주장에 가설이라는 팻말을 붙이면서 자신은 그런 것에 매달리지 않는다고 선언한다.

_뉴튼의 프리즘과 결정적 실험

이와 같은 실험철학 정신의 한 단면을 보여주는 사항으로 뉴튼이 추구했던 이른바 '결정적 실험(experimentum crucis : crucial experiment)'이 있다. 실험철학의 정신은 과학적 주장을 세우는 과정에서도 구체적인 현상에 호소하지만 일단 어떤 아이디어가 제안된 이후에도 현상에 호소함으로써 즉 관찰이나 실험을 통해서 그것을 검토하려 할 것이다.

'뉴튼의 결정적 실험'이라는 이름으로 불리곤 하는 그의 프리즘 실험을 살펴보자. 다음 그림에서처럼 한 줄기 빛을 프리즘에 통과시키면 프리즘

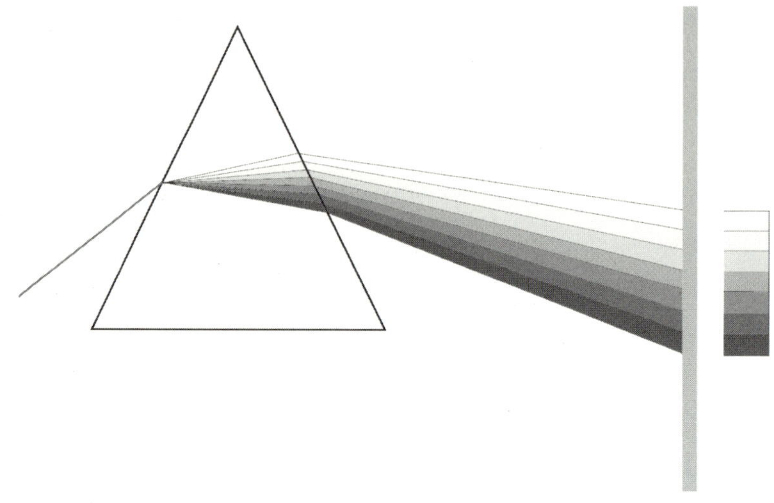

을 지난 빛은 무지개 빛으로 퍼져 스크린에 나타난다. 이것을 통해 알 수 있는 사실은 무엇일까? 우리가 '백색광'이라고 부르는 무색의 밝은 빛 속에 사실은 여러 색의 빛들이 들어 있다고 추측할 수 있다. 그런데 이렇게 해서 얻은 빨간 빛이나 노란 빛을 다시 프리즘에 통과시키면 어떻게 될까? 그것은 또다시 무지개처럼 여러 색깔의 빛으로 분리될까? 아니면 정확히 그 빨간 빛이나 노란 빛만 나타날까? 아니면 노란 빛의 경우 그 노란색을 중심으로 오렌지색에서 초록색에 가까운 부분에 이르는 약간의 폭이 나타날까? 어느 것이 옳다고 생각되는가?

결정적 실험의 핵심은 이처럼 빛의 성질을 탐구하는 가운데 이성의 힘 즉 논리적인 추리만 가지고는 어떤 결과가 나타날지 도무지 잘라 말할 수 없는 상황에 있다. 생각만으로는 도저히 자연이 어떤 특성을 지녔을지 대답할 수 없는 상황에서 하나의 실험이 의문에 대한 대답을 제공한다면 그것이 바로 결정적 실험이다. 종종 과학자들은 이와 유사한 상황에 봉착한다. 기존의 실험 결과를 성공적으로 설명해낼 수 있는 이론이 둘 (혹은 셋)

있는데 논리적 관점에서 볼 때는 어느 편에도 결함이 없다고 하자. 하지만 상이한 두 이론이 모두 참일 수는 없는 노릇이다. 과학자는 바로 이런 상황에서 결정적 실험을 추구한다. 그것은 탐구자로 하여금 미혹의 안개를 뚫고 다음 항구에까지 도달하도록 인도하는 실험이다.

뉴튼의 실험에서 첫 번째 프리즘을 통과한 노란 빛은 두 번째 프리즘에 통과시켰을 때 다시 그 노란색 빛만을 재현했고, 첫 번째 프리즘에서 노란 빛에 대응하는 굴절각은 두 번째 프리즘에서도 똑같이 반복된다는 사실이 확인되었다. 그는 이 실험을 통해 무색의 빛이 서로 다른 굴절각을 갖는 여러 색의 빛들의 혼합물이며 이런 굴절각은 색마다 고유하다는 사실을 밝혀낼 수 있었다.

_살짝 끼워 넣지만 아주 중요한 이야기 : 과학 단체의 성립

자연과학의 역사를 돌이켜보면, 그것은 단 한 시기도 예외가 없는 부단한 발전과 성장의 역사였다. 그러나 그것을 조금 더 주의 깊게 들여다보면 과학이 언제부턴가 한 단계 성큼 더 빨라진 속도로, 마치 거대한 물결이 일 듯 발전하기 시작한 것을 느낄 수 있다. 그리고 그런 도약이 이루어진 시기는 문예부흥의 시대도 아니었고 코페르니쿠스의 새로운 우주 체계와도 별로 무관했다. 시기적으로 보자면 그것은 뉴튼의 성공과 거의 맞아떨어지지만 사실 뉴튼이라는 한 개인과도 근본적으로 별개의 사건이었다. 이런 속도 변화는 17세기 중반쯤 일어난 것으로 보인다. 그리고 필자의 생각에 그것은 어떤 과학자의 개별적인 업적보다도 과학의 역사에서 더 중요한 사건이었다. 그것은 과학 단체의 탄생이었다.

최초의 과학 단체는 이탈리아에서 생겨났다. 17세기 초 로마에서 생겨났던 '린체이아카데미(Accademia dei Lincei)' 나 1657년 피렌체에서 결성되었던 '실험아카데미(Accademia del Cimento)' 는 분명 과학자들의 모임과 토론을 활성화시켰던 선구적인 과학 단체였다. 갈릴레이도 린체이아카데미에서 활동했었다. 하지만 이 단체들은 개인의 후원에 절대적으로 의존하고 있었고, 후원자가 사망하거나 사정에 따라 더 이상 그 모임에 마음을 쓰지 못하게 된 경우 이내 흐지부지되어 버리고 말았다. 독일 등 유럽의 다른 곳에도 이와 비슷한 씨앗이 있었지만 사정은 비슷했다. 하지만 1660년대에 영국과 프랑스 양국에 각각 왕립학회(Royal Society)와 과학아카데미(Académie des sciences)가 설립되면서 과학은 하나의 중대한 발전의 계기를 만나게 된다.

왕립학회는 학자들의 자발적인 모임을 배경으로 생겨났다. 이미 1640년대 중반부터 정기적으로 런던의 한 술집에 모여 잔을 기울이며 학문적 토론에 열중하던 젊은 과학자들이 있었다. 이들은 때로 공통의 관심사를 놓고 함께 실험을 하기도 했다. 이 모임에는 천문학자나 화학자 이외에 성직자도 참여했는데, 사람들은 이 모임을 언제부턴가 '보이지 않는 대학(Invisible College)' 이라고 부르기 시작했다. 이 모임은 따로 아무 연구실이나 강의실도 갖고 있지 않았지만 당대의 어떤 대학보다도 더 활발한 학문 탐구와 교류의 장을 형성했기 때문일 것이다.

이 모임의 구성원들은 하나같이 프랜시스 베이컨의 과학 정신에 깊은 영향을 받은 사람들이었다. 이들은 1660년 런던의 그레셤 칼리지에 모여 '물리적, 수학적 실험과학의 진흥을 위한 대학' 의 창립을 선언했다. 존 윌킨스 목사와 그레셤 칼리지의 천문학 교수였던 크리스토퍼 렌, 보일, 그리고 후크 등이 주요 인물이었다. 이후에도 이들은 일 주일에 한 번씩 정기적인 모임을 갖고 자기가 행한 실험의 결과에 대해 발표와 토론을 했다. 왕의 인가를 얻어 이 모임을 발전시키겠다는 아이디어를 낸 것은 로버트 모레이 경이었다고 한다. ('왕립'이라는 명칭은 예나 지금이나 함부로 쓸 수 있는 것이 아니다!) 결국 1662년 찰스 2세는 이 모임에 '자연에 대한 지식을 진보시키기 위한 런던 왕립학회(The Royal Society of London for Improving Natural Knowledge)'라는 명칭을 내리는 서류에 서명했다.

명칭에 걸맞지 않게 런던의 왕립학회는 영국 왕으로부터 재정적 지원을 받지 못했지만, 그 대신 자율적인 내적 규범과 조직을 갖추고 다양한 분야의 관심사들을 다루면서 과학의 발전을 크게 촉진했다. 1665년부터 발간된 학회지 『왕립학회 회보(*Philosophical Transactions*)』는 오늘날까지 전통을 지속하고 있는 최고(最古)의 학술지다.

한편 프랑스에서는 이와는 다른 성격의 과정이 있었다. 프랑스의 국력을 신장하기 위해서는 과학의 힘을 활용해야 한다고 생각한 프랑스의 재무상 콜베르(Jean-Baptiste Colbert)는 우수한 학자들을 모아 학술원을 조성하려는 계획을 세우고 1666년 12월 처음으로 소수 정예의 과학자 그룹을 궁중 도서관에 소집했다. 이 학자들은 국가의 지원을 받으면서 일 주일에 두 차례씩 모여 과학과 기술에 걸친 문제들을 함께 연구하고 토론했다. 국왕의 인정에 따른 '과학아카데미'의 공식적 발족은 한참 뒤인 1699년에야 이루어졌다.[5] 그러나 그 이전에도 이 연구자 그룹은 활발한 연구와 학문적 교류의 바탕을 형성했다. 실제로 우리는 영국 왕립학회의 회보에서도

5 '왕립 과학아카데미(Académie Royale des Sciences)'라는 명칭도 이때 생겨났다. 오늘날 영국과 프랑스의 이 두 단체를 부를 때 프랑스 과학아카데미에는 '왕립'이라는 말을 붙이지 않는 것이 보통이지만 사실 따지고 본다면 국왕의 적극적인 지원을 받았던 쪽은 왕립학회라기보다 과학아카데미였다.

이미 1670~80년대에 양국의 학자 그룹간에 꽤 활발한 상호교류가 있었다는 사실을 읽어낼 수 있다.

학자들의 자발적인 결성이 모태가 되었던 왕립학회와 달리 프랑스 과학아카데미는 국가 주도형으로 발족되었고, 초기에는 프랑스 국왕이나 대신들이 필요로 하거나 관심을 두는 주제에 연구의 역량을 집중했다. 과학아카데미의 학자들이 대부분 국가로부터 봉급을 받아 생활하면서 연구했다는 점을 고려하면 당시로서 그것은 지극히 자연스러운 일이기도 하다. 한편 흥미로운 것은 주로 영국인들로만 구성되었던 왕립학회와 달리 과학아카데미는 처음부터 다국적 팀으로 구성되었다는 사실이다. 콜베르는 유럽의 각지로부터 프랑스의 학문 발전에 도움이 되리라고 생각한 인재들을 초빙했다. 예를 들어 이탈리아 태생의 천문학자 카씨니(Giovanni D. Cassini),[6] 네덜란드 출신의 과학자 호이겐스(Christiaan Huygens), 빛의 속도를 측정했던 덴마크 사람 뢰머(Olaf Roemer) 등이 이런 범주에 속한다.

나중에는 두 단체의 구성이나 성격이 서로 비슷해졌지만, 설립 초기에는 양쪽의 설립 배경 차이만큼이나 두 단체의 성격 사이에 상당한 차이가 있었다. 과학에 관심을 가진 아마추어들도 참여해 활발한 토론이 벌어지곤 했던 왕립학회와 엘리트 과학자들의 연구 프로젝트로 진행되었던 과학아카데미 중 어느 편이 더 과학 발전을 위해 성공적인 모델이었는지에 대해서는 토론이 가능할 것이다. 하지만 한 가지 분명한 것은 이 두 단체가 생겨난 이후의 과학은 그 이전의 과학과 크게 달라졌다는 사실이다.

과학 단체의 결성이 뭐 그리 중요한 일이었을까? 그것은 기본적으로 탐구자 개인의

---

6 얼마 전 토성에 도달해 생생한 고리 사진을 지구로 전송하며 뉴스에도 나왔던 토성 탐사선의 이름 '카씨니 호'는 과학아카데미 시절 토성의 고리를 관측했던 이 카씨니의 이름을 딴 것이다. (http:// saturn.jpl.nasa.gov을 보라!)

역량에 의존하던 연구로부터 공동체적 활동으로서의 과학 연구, 커뮤니케이션 기반의 과학이 시작되는 계기가 되었기 때문이다. 공동체적 활동으로서의 과학 연구라니? 물론 옛날부터 학자들은 서로 토론을 하고 비판을 교환했으며 또 제자를 가르쳤다. 코페르니쿠스의 저서가 나오기 훨씬 전에 그의 연구 성과를 익히 알고 있었던 천문학 전문가 그룹이 있었고, 티코와 케플러는 비록 잠시 동안이었지만 환상적인 연구팀을 결성했었다. 하지만 과학 단체의 성립 이전에 이와 같은 교류와 협력은 우연에 의존하여 이루어졌고, 그렇지 않은 경우에도 특정한 개인이 사라지는 것과 더불어 사라지는 비지속적인 관계였다.

하지만 17세기 후반 과학 단체의 성립은 과학 탐구를 공통의 혹은 서로 관련된 학문적 관심을 가진 탐구자들간의 적극적이고 지속적인 협력이라는 토대 위에 올려놓았다. 문자 그대로 힘을 합한다는 의미의 협력만 중요한 것이 아니었다. 그런 협력 못지않게 중요한 것은 상호비판과 경쟁의 메커니즘이었다. 과학자들은 이제 새로운 아이디어가 떠올라도, 또 오랫동안 매달렸던 연구의 성과가 완성되어도 언제나 먼저 과학 단체에 그것을 내놓고 인정과 비판을 기다렸다. 뉴튼의 『프링키피아』도 출판 이전에 먼저 학회에 제출되었다. 한 사람에게 떠오른 과학적 발상은 이런 과정을 통해 동조자들을 얻으면서 보강되고 확장되기도 했지만 때로는 신랄한 비판이나 냉대를 받으면서 수그러들었다. 또 같은 문제에 대해 상이한 아이디어나 접근법을 추종하는 둘 혹은 그 이상의 그룹이 생겨나면 자연히 두 진영 사이엔 열띤 경쟁이 벌어졌고 양편은 서로의 방법론이나 결론을 비판하고 또 상대방의 비판에 맞서서 자기 편의 견해를 방어하는 과정에서 그것을 점점 더 세련되게 만들 수 있었다.

이처럼 과학자들간의, 그리고 연구자 그룹들 상호간의 경쟁과 협력은 다른 방식으로는 대체될 수 없는 지적 자극과 상호 절차탁마의 효과를 가져왔다. 더구나 과학 단체가 학술지를 발간하기 시작하면서 학술지는 전문가들이 연구의 성과를 가장 효과적으로 공유하게 하는 장치가 되었고, 학자가 동료들의 집단 속에서 한 사람의 학자로 인정받고 나아가 평가를 받는 표준적인 경로가 되었다. 이러한 사정은 오늘날의 과학에서도 정확히 마찬가지다. 오늘날 과학 단체 즉 크고 작은 범위의 학회는 연구 주제의 주된 방향을 결정하는 일로부터 시작해서 정보의 교류, 협력, 경쟁, 그리고 평가와 때로 승부의 판정, 나아가 후속 세대의 양성에 관한 모든 중요한 일들이 이루어지고 판단이 결행되는 장소다.

책의 앞부분에서도 간단히 언급되었던 토마스 쿤의 '패러다임' 개념을 들어본 독자가 많을 것이다. 그런데 패러다임의 개념을 정확히 이해하기 위해서 반드시 머리에 떠올려야 할 요소가 바로 이와 같은 (특정 분야) 전문가 집단 혹은 과학자 공동체(scientific community)라는 개념이다. 필자는 쿤의 가장 예리한 시선이 드러난 지점이 바로 '과학 연구의 주체는 과학자 공동체'라는 그의 통찰이라고 본다. 이런 관점에서 말하자면 과학에 패러다임이 생겨난 것은 과학 단체가 생겨난 이후라고 할 수 있다. 이 정도면 지속성을 지닌 근대 최초의 과학 단체라고 할 왕립학회와 과학아카데미의 성립은 대단히 중요한 사건이 아니었을까?[7]

이제 다음 장에서는 화학 이야기가 펼쳐진다. 우리가 화학이라고 알고 있는 학문이 태어나는 과정에서도 과학 단체라는 토양은 결정적인 기여를 했다. 하지만 화학 이야기를 시작하기 위해서는 다시 한참의 세월을 거슬러 올라가야 할 것이다.

7 과학 단체가 성립되기 이전에도 물론 과학자들이 있었을 뿐만 아니라 대학 같은 연구-교육 기관이 존재했다. 그런데 과학 단체는 이렇게 학자들이 모여 있는 대학과 어떤 점에서 다르다고 할 수 있을까?

연금술로부터 화학이 태어나던 이야기

07

오래고 넓은 연금술의 전통 : 화학의 모태

연금술, 실패한 프로젝트?

의약(醫藥)화학의 발달과 원리화학(原理化學)의 등장

플로기스톤 이론

플로기스톤 이론의 약점

화학은 오늘날 과학의 지형도를 구성하는 제일 크고 중요한 분야 가운데 하나이다.[1] 화학은 어떤 학문인가? 화학의 '化' 자는 변화를 뜻하니, 화학은 변화를 탐구하는 학문이라고 볼 수 있겠다. 하지만 변화라는 말은 뜻을 새기기에 따라 범위가 너무 넓지 않은가? 새싹이 자라 나무가 되는 것도 변화요, 어린 송아지가 어미소가 되는 것 역시 변화라고 할 수 있다. 조금 전에는 지평선에 걸려 있던 달이 어느 새 하늘 한가운데로 자리를 옮긴 것도 (위치의) 변화가 아닌가? 이 모든 변화가 화학의 관심사는 아닐 듯싶다. 교과서에서는 어떻게 말하는가? 한 고등학교 화학 교과서는 화학이라는 학문의 성격을 다음과 같이 서술하고 있었다.

1 서울대 화학부의 김희준 교수는 언젠가 화학이 물리학과 생물학 가운데서 양쪽을 잇는 허리 역할을 하는 중심 과학이라는 견해를 피력한 바 있는데, 화학자의 자평(自評)이긴 하지만 그럴 듯한 표현이라고 생각한다.

> "화학은 자연에 존재하는 물질의 조성과 구조, 성질 그리고 물질의 변화를 연구하는 학문이다. 화학이 목적하는 바는 [……] 다양한 현상과 물질 간의 상호 관계를 탐구하여 [……] 일반적인 법칙을 발견하고, 발견된 법칙을 토대로 다양한 사태들을 체계적으로 이해하며, 우리의 생명을 보존하고 나아가 생활을 윤택하게 하는 것이다."

이 문단에서 우리는 화학의 특성에 관한 몇 가지 힌트를 추려낼 수 있다. 우선 반복되는 낱말이 눈에 띈다. '물질'이다. 물리학에서 문제가 되는 것이 '물체'였다면 화학은 물질을 다룬다. 물리학자라면 먼저 주어진 대상의 위치와 속도 그리고 질량 같은 항목들을 알고 싶어할 것이다. 그가 먼저 알고 싶어하는 항목들 가운데 그 물체가 어떤 재료로 이루어진 무엇인지가 들어 있지 않았던 점은 이상하지 않은가? 실제로 물리학자라면 (그런 물음이 필요한 특수한 상황이 아닌 한) 초속 1m로 등속직선 운동하는 1kg짜리 물체가 금덩어리인지 단단한 소금덩어리인지 굳이 묻지 않는다. 하지만 화학자라면 아마 '그것이 무엇인지' 즉 '어떤 물질(재료)로 이루어진 것인지' 먼저 물을 것이다. 그리고 그 물질은 어떤 성질을 지녔는지 상세히 알고자 할 것이다.

성질이 우리의 관심을 끄는 이유 가운데는 다양한 종류의 물질이 서로 다른 성질을 지니고 있을 뿐만 아니라 또 어떤 조건하에서 변화한다는 사실도 있을 것이다. 온 세상이 오로지 한 가지 재료로 만들어지고 그 재료의 성질이 변화하는 일도 없다면 아마 우리가 아는 화학은 학문으로 성립하지 않았을 것이다. 화학은 다양한 종류의 물질을 대상으로 삼아 물질의 성질과 변화를 탐구한다.

위에서 또 한 군데 눈에 띄는 부분은 화학이라는 학문의 목적에 대한 서술 가운데 '우리의 생명을 보존하며'와 '생활을 윤택하게'라는 구절이다. 따지고 보면 모든 과학이 어떤 방식으로든 인간의 삶에 기여하겠지만, 이런 표현이 한 분야의 특성을 규정하는 구절로 어울린다는 것은 화학이 지닌 고유의 특징이다. 실제로도 화학자들의 마인드에는 대체로 이런 특성이 공유되어 있다. 화학은 우리 생활에 유용한 물질을 만들어냄으로써 삶을 윤택하게 하며, 화학자들은 그런 효용을 지니는 물질을 만들어내는 데 많은 관심을 갖고 있다. 특히 화학은 물질에 대한 탐구를 통해 우리의 건강과 생명을 보존하는 데 기여하는 것을 그 존재 의미의 중심 요소로 품고 있다.[2]

이런 화학은 어떻게 해서 생겨났을까? 오늘날의 화학으로부터 역사를 더듬어 과거로, 과거로 거슬러 올라가노라면 우리는 화학의 뿌리가 연금술에 닿아 있다는 사실을 알게 된다.

_오래고 넓은 연금술의 전통 : 화학의 모태

'연금술(鍊金術)'이라는 이름은 주어진 글자만 좁게 해석하면 (금 아닌 미천한) 금속을 연단하여 금을 만드는 기술을 가리키지만, 연금술이라는 전통은 이런 시도의 범위를 넘어서 방대한 영역에까지 펼쳐져 있다. 또 연금술의 전통은 아주 오래된 것일 뿐만 아니라 동·서양에 모두 존재했다. '동양의 연금술'이라면 낯선 표현일 수도 있겠지만, 예컨대 늙고 병들 수밖에 없는 인간의 몸을 세월의 흐름에도 변하지 않을 신선(神仙)의 몸으로 변화시키려는 생각이나

2 의사는 무엇으로 병을 고치는가? 외과적 수술의 경우를 제외하고 대부분의 경우는 약을 처방하는 것이 의사의 주된 역할이다. 그리고 약은 화학의 산물이다.

그런 데 소용이 될 단약(丹藥)을 만들어 보려는 시도는 모두 서양의 연금술과 같은 맥락 속에 있다. 그런데 왜 하필이면 금이었을까? 동서양과 고금을 막론하고 금은 부귀와 영예와 권력의 상징이었다. 아마 찬란하고도 세월 속에서 변치 않는 광채 때문이기도 했으려니와, 지구상의 금이 비록 적은 양에 한정되어 있으면서도 자연으로부터 그다지 어렵지 않게 구할 수 있는 우리 주변의 비교적 친근한 물질이라는 점 또한 작용했을 것이다. (순수한 상태에서의 그램당 값으로 따지자면야 금이 예컨대 플루토늄을 따를 수 없을 것이다. 그러나 플루토늄 같은 물질을 도무지 손에 넣을 길이 없었던 옛날에뿐만 아니라 오늘날까지도 여전히 일반적인 욕망의 대상은 플루토늄이 아니라 금이다.)

금속을 '연단한다'는 말 대신 그것을 '단련시킨다'고 해보면 어떨까? 글자의 배열을 바꾼 것뿐이지만 어울리지 않는다고 할 이들이 있겠다. 하지만 모든 생명체가 그것의 완성형 즉 '텔로스(telos)'를 향해 부단히 나아가듯이 금속 역시 그 종류를 막론하고 가장 완전하고 고귀한 금속 즉 금속의 완성형인 금을 향해 성장해 가려는 성향을 가지고 있을 법한 일이다. 만일 그렇다면 연금술사가 해야 할 일은 그 금속이 그 일을 성공적으로 해낼 수 있도록 그것을 적절한 경로로 단련시켜 도와주는 일일 것이다.

그러나 모든 것이 낡고 썩어가는 것이 자연스런 현상인 이 '달 아래 세계(sublunar world)'[3]에서 그런 상승은 쉬운 일은 아닐 테니, 연금술이 아무나 할 수 있는 쉬운 일이었을 리는 없다. 하지만 그것은 불가능한 일은 아니었다. 적어도 이론적으로는 그렇다. 우선 고대 그리스인들의 생각처럼 세상의 모든 물체가 흙·물·공기·불이라는 네 가지 근본 재료들로 되어 있다고 가정해 보자. 황금도 백금도 철광석도 근본 재료의 배합 비율이나 결합의 내적 구조 즉 아리스토텔레스식으로 말하자면 그것의 형상(form)에서 차이가 있을 뿐 질료(matter)의 측면에서는 근본적인 차이가 없을 것이다. 그렇다면 금을 만드는 일이란 금의 형상의 비밀을 알아낸 뒤 주어진 금속에다가 바로 그 형상을 새로 불어넣으면 될 일이다. [인간의 손으로 이런 일을 해내기는 어렵겠다고 여긴 수많은 연금술사들은 그들이 '철학자의 돌(Philosopher's Stone)'[4] 이라고 부르는, 방금 얘기한 것 같은 형상 변화의 능력을 지닌 돌이 있다고 믿었고, 그것을 찾아내려는 수고에 오랜 세월을 바치기도 했다. 철학자의 돌은 금속을 변화시킬 뿐만 아니라 늙고 병든 몸을 젊고 건강

3 이것은 아리스토텔레스의 우주 구조에서 '지계'를 가리킨다.

4 '현자(賢者)의 돌'이라고도 한다. 장삿속으로 채색된 미국판 번역 덕분에 우리말로도 '마법사의 돌'이라고 옮겨진 『해리 포터』 시리즈 제1권의 원제목은 'Harry Potter and the Philosopher's Stone'이었다.

하게 만드는 힘을 가지고 있다고 생각되었기 때문에 더욱 탐나는 대상일 수밖에 없었다.]

연금술에 해당하는 서양말 'alchemy'에서 우리는 화학을 가리키는 말 [Chemie(독); chimie(불); chemistry(영)]과 더불어 'al-'이라는 아랍 문명의 흔적을 발견하게 된다. 그렇다. 고귀한 금속을 얻으려는 갈망이나 건강과 불로장생에 대한 보편적인 추구의 흔적은 지구 곳곳에서 오래 전부터 발견되지만, 그런 노력은 알렉산드리아 시대를 거친 뒤에 고대 그리스와 알렉산드리아의 학문을 높이 평가할 줄 알았을 뿐만 아니라 스스로도 의학 · 광학(光學) · 수학 등 여러 분야에 걸쳐 높은 수준의 학문을 쌓았던 아랍인들에 의해 크게 발달하고 체계화되었다. 그 후 유럽이 이처럼 수준 높은 연금술의 전통을 전수받은 주된 경로 역시 그들이 프톨레마이오스나 유클리드의 귀중한 문헌을 전달받은 경로와 동일했다.[5] 화학의 모체 구실을 한 연금술의 명칭에 아랍의 흔적이 남아 있다는 것은 너무도 당연한 일이다.

_연금술, 실패한 프로젝트?

도대체 과학이라기보다는 마법에 가까운 영역으로 보이는 연금술이 화학의 뿌리라고 말하는 이유는 무엇인가? 가장 간단하고도 분명한 이유로는 연금술사들의 손에 의해 화학적인 탐구 즉 물질의 성질과 변화에 대한 탐구가 축적되고 세련화되었다는 사실을 지적할 수 있을 것이다. 하지만 연금술과 화학의 관계는 이것보다 조금 더 복잡하고, 따라서 좀더 가까이 살펴볼 만한

5 4장, 프톨레마이오스의 『알마게스트』에 관한 서술을 보라.

이유가 있다.

우선, 연금술이라는 전통이 화학의 역사와 그럴 듯하게 연결된다는 것 말고 연금술이 정말 화학에 무엇인가를 물려준 것이 있는지 따져보자. 물론 있다! 가장 기본적이고도 중요한 것은 다양한 물질의 성질에 대한 집요한 관심, 그리고 한걸음 더 나아가 그런 성질을 변화시켜 보려는 시도였다. 그런 관심과 욕구가 결국 화학이라는 학문을 낳았다고 보는 것은 필자가 보기에 결코 과장이 아니다. 과학을 구성하는 핵심은 답이라기보다 물음이기 때문이다. 하지만 한 번 더 물어보자. 연금술이 물려준 것은 그런 관심과 지적 욕구뿐, 정작 답을 손에 넣는 데 도움이 될 것은 없었나?

결과를 놓고 보자면 연금술은 실패한 프로젝트였다. 역사상 어느 연금술사도 금을 만들어내지 못했다. 자신만의 비법을 끝까지 가슴에 간직한 채 생을 마감한 비밀의 연금술사가 있을는지는 모르지만, 그런 인물의 존재 여부는 과학에 대한 우리의 논의 속에서 별 의미가 없다. 그러나 프로젝트가 본래의 목표를 달성하지 못했다고 해서 무익한 연구라고 속단할 이유는 없다. 실제로 연금술은 다양한 부산물을 낳았고, 화학이 성숙한 학문으로 성장하는 데 결정적인 토대를 제공했다.

첫째, 연금술의 발달은 실제로 다양한 물질을 다루고 연구하는 계기를 제공했다. 연금술사들은 수많은 종류의 금속과 용액을 다루었고 숱한 종류의 화학적 반응을 경험했다. 그들은 아직 그들의 눈앞에서 벌어지는 현상을 체계적으로 이해할 이론적 뼈대를 갖고 있지 못했지만 그런 경험의 축적은 나중에 화학적 지식의 살과 근육이 될 재료를 형성해 갔다.

둘째, 연금술의 전통은 물질을 다루는 과정에서 수많은 도구들을 만들었고 또 개량해 갔다. 오늘날의 화학 실험실에 있는 물건들 가운데 전자제품이 아닌 거의 모든 도구들이 연금술의 전통 속에서 만들어졌다고 해

도 과언이 아니다. 비커 · 플라스크 · 깔때기 · 피펫 · 막자사발, 그리고 증류기 같은 화학자의 기본 도구들이 모두 이 범위에 포함된다. 뿐만 아니라 연금술은 이런 다양한 도구를 다루는 기법을 발달시켰다. 연금술사들에게는 자연히 높은 온도의 불을 다루는 능력이 요구되었고, 그들은 온도를 효율적으로 조절할 수 있는 화덕을 만들어냈다.

자연과학의 분야들 가운데서도 서로 아주 가까운 두 분야인 화학과 물리학을 비교해 보자면, 양쪽의 전문가들 사이엔 많은 유사점도 존재하는 반면에 꽤 뚜렷한 차이점도 있다. 그런 차이 가운데 하나는 화학이 '손의 전통'을 중시하는 학문이라는 점이다. 물론 물리학자들 가운데도 이른바 실험 물리학자들이 있고 물리학 실험실에서도 손과 발은 중요한 역할을 한다. 그러나 화학자들에게서는 도구와 조작을 중시하는 전통이 한층 더 뚜렷해 보인다.

물리학자들은 자기가 씨름하던 문제가 수학적으로 깔끔하게 풀려서 예쁘게 생긴 해(解)가 똑 떨어져 나왔을 때 의자에서 튀어오르며 만세를 부를 법한 사람들인 데 비해, 화학자들은 종이 위에서 구한 답만 가지고는 도무지 성에 차지 않는 사람들이다. 손으로 기구를 직접 조작해 만들어 보고, 발생하는 기체의 냄새를 맡아 보고, 침전물의 색깔을 확인해야 비로소 마음이 놓이는 사람이 전형적인 화학자라면 이런 성향은 필경 연금술사들에게서 물려받은 유산이다. 이제 연금술사들의 노고가 한 단계 체계화되면서 근대 화학의 탄생을 준비하는 장면을 살펴보자.

_의약(醫藥)화학의 발달과 원리화학(原理化學)의 등장

16세기의 가장 위대한 의학자 중 한 사람인 파라켈수스(Paracelsus, 1493~1541)[6]는 연금술의 대가였다. 이상할 것 하나도 없는 일이다. 중세를 지나 16세기쯤이면 연금술이 주된 관심 영역의 소재와 상관없이 수많은 진리 탐구자들에게 기본적인 소양이자 관심사였던 시기다. 예를 들어 천문학자 티코 브라헤의 우라니보르크에서도 방 하나는 연금술을 위해 할애되어 있었고, 위대한 물리학자 뉴튼 역시 연금술에 깊은 관심을 갖고 있었다. 더구나 의학자라면 물질의 특성과 변화를 연구하는 연금술 연구에 깊은 관심을 갖지 않을 수 없는 일이었다. 여기서 우리는 연금술이 단지 금(또는 금속)에만 매달렸던 것이 아니라 물질의 특성에 대한 깊고 넓은 이해를 통해 치유 · 건강 · 장수를 이루려 했던 폭

파라켈수스

6 그는 필리푸스 테오프라스투스 봄바스투스 폰 호엔하임(Philippus Theophrastus Bombastus von Hohenheim)이라는 원래 이름보다 파라켈수스라는 별명으로 훨씬 잘 알려져 있다.

넓고 체계적인 지적 탐구의 전통을 포괄하고 있다는 사실을 다시 한 번 상기하게 된다.

우리는 이 시기에 의술이 다양한 약초의 성질과 효능에 대한 지식에 토대를 둔 전문성의 단계로부터 이른바 '의약화학(iatrochemistry)'의 단계로 접어드는 것을 본다. 그리고 파라켈수스는 대표적인 의약화학자였다.[7] '의약화학'이라는 명칭은 후대 사람들이 붙인 것으로, 이 시기는 아직 '화학'이 하나의 전문 분야로 발달하기 전이었다. 그는 의학 연구의 연장선 위에서 물질을 탐구하면서, 물질이 세 종류의 기본 요소로 이루어져 있다고 보았다. 그리고 이 기본 요소들을 그는 '원리들'이라고 불렀다.

그런데 우리는 여기서 원리(principle)라는 말을 조심스럽게 이해해야 한다. 이 시기의 문헌을 들여다보는 사람은 이 말이 어떤 곳에서는 구체적인 양을 지닌 특정한 종류의 물질을 뜻하지만 또 어떤 곳에선 그런 물질이 지닌 고유한 성질 같은 것을 의미한다고 생각하며 읽어야만 말이 된다는 사실을 알아차리면서 일종의 당혹감을 느끼게 된다. 이런 경우 독자는 필경 "그렇다면 그것이 물질이라는 거야 아니면 성질이라는 거야?" 하고 따져 묻겠지만, 이른바 '원리화학(principle chemistry)'의 시대라고 불리는 이 시기에 관해서라면 그 물음은 과녁을 비껴 간다. 오늘날의 우리에겐 당연히 애매성으로 비칠 만한 개념을 그들은 자연스럽게 받아들이고 사용하고 있었다.

파라켈수스는 세 가지 원리를 염(Salt) · 황(Sulphur) · 수은(Mercury)이라고 이름붙였다. 염의 원리는 안정성과 고형성(固形性)을 대표하는 것이었고, 황의 원리는 가연성(可燃性)을 대표했다. 그리고 수은의

7 역사적으로 그는 독극물학(toxicology)의 시조로도 평가된다. 역설적으로 들릴는지 모르지만 인간의 건강과 장수를 추구하는 탐구는 자연스러운 부산물로 인간의 몸을 해하는 독극물에 관한 지식을 생산할 수밖에 없었을 것이다.

원리는 유동성과 가용성(可鎔性)을 대표하는 것이었다. 예컨대 어떤 물질이 주로 딱딱한 고체의 형태로 존재하는데 불에 잘 타는 성질을 지녔다고 해보자. 그러면 그것은 '염의 원리'와 '황의 원리'를 포함하고 있다고 볼 수 있다. 이런 사고를 의술에 적용해 보면 어떻게 될까? 만일 배탈이 나서 설사를 계속하는 환자가 있다면 그런 환자에게 수은의 원리가 다량 함유된 약을 처방하는 것은 현명치 못한 일이 될 것이다. 대신에 염의 원리가 담긴 약이나 음식은 도움이 될 것이다. 또 만일 위장이 뜨겁게 부글부글 끓는 것 같은 증상을 호소하는 환자가 있다면 그에게 황의 원리가 들어 있는 약은 그야말로 위험한 처방이 될 것이다. 이런 식으로 원리화학은 물질 현상을 해석하고 나아가 의술 같은 실제 영역에 적용하는 단계에서 '원리'라는 개념틀에 의존했다. 원리화학의 시대란 이처럼 원리라는 관점에서 다양한 물질 현상을 체계적으로 이해하고 설명하려 했던 시기를 가리킨다.

베혀(J. J. Becher)는 파라켈수스의 3원리설을 토대로 삼아 당시 화학자들에게 가장 중요한 물질 범주라고 할 흙(terra)을 terra lapida, terra pinguis, terra mercurialis 이렇게 세 가지 기본 요소로 분류했다. 오늘날의 화학자들에겐 전혀 생소한 이 이름들 가운데 테라 라피다는 파라켈수스의 '염(鹽)의 원리', 테라 핑귀스는 '황의 원리', 그리고 테라 메르쿠리알리스는 '수은의 원리'에 상응하는 것이었다.

왜 갑자기 흙이 문제가 되는가? 여기서 흙이라면 불·공기·물과 구별되면서 다양한 형태와 성질의 고체 물론 아주 미세한 가루 수준의 알갱이까지 여기 포함된다를 포괄하는 범주이다. (예컨대 커피를 들여다보라. 그것은 단순한 '물'이 아니다. 거기엔 말하자면 어떤 종류의 '흙'이 섞여 있다. 커피를 맹물과 다른 액체로 만드는 것, 에스프레소와 카페라테의 맛을 가르는 것은 바로 그런 흙의 요소인 셈이다.) 사람의 몸에 작용해 병을 고칠 약을 만들기 위해서도 '흙'에 통달하지 않으면 안 될 일이었다. 의약화학의 시대는 그래서 흙에 대한 세밀하고 깊은 지식을 쌓아가고 있었다. 그것은 말하자면 주로 고체 상태로 존재하는 수많은 물질에 대한 탐구를 의미했다.

_플로기스톤 이론

18세기 전반 화학의 역사에서 가장 중요한 인물이라고 할 만한 게오르크 슈탈(Georg Ernst Stahl)은 베허의 이론 가운데 두 번째 흙인 '테라 핑귀스' 즉 '기름진 흙'을 물고늘어졌다. 그것은 '황의 원리'이기도 했다. 그리고 그는 그것을 연소(燃燒)라는 현상 그리고 금속의 하소(煆燒)라는 현상을 설명하는 데 성공적으로 활용했다. 그리고 이 과정에서 그는 '황의 원리' 혹은 '가연성의 원리'에 새로이 '플로기스톤(Phlogiston)'이라는 이름을 붙였다. 이 이름은 고대 그리스어의 '타다' 혹은 '태우다'를 뜻하는 말에서 따온 말이다.

'하소(calcination)'라는 말은 오늘날까지 남아 있긴 하지만 대부분의 독자들에게 생소할 것이다. 그것은 원래 석회석(limestone)에서 석회(lime)를 만들어내는 과정을 뜻하는 말이었다. 석회석($CaCO_3$)을 가열하면 이산화탄소(CO_2)가 빠져나오면서 석회(CaO)가 얻어진다. 그러나 이 개념은 점차 폭넓게 사용되어 금속의 산화물을 얻는 과정을 통칭하는 말이 되었다. [물론 당시에 '산화(oxydation)'라는 개념은 아직 없었다. 이 사실을 기억해 두자.]

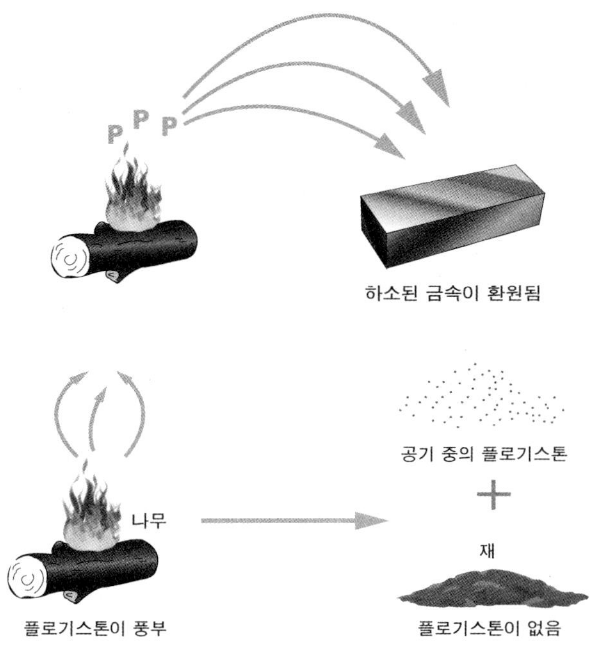

한편 18세기의 유럽인들은 금속을 다룰 줄 아는 상당한 수준의 능력을 갖고 있었다. 예컨대 산화된 금속을 숯과 함께 높은 온도로 가열하면 다시 원상으로 복귀된다는 현대식 과학적 용어로 말하자면 '환원된다'는 것은 이미 평범한 지식이었다. 하지만 18세기 초의 유럽인들은 학자들마저 기체에 관해 거의 알고 있지 못했다. 우리는 우리가 날마다 숨쉬는 공기에 질소 · 산소 · 이산화탄소 등 수많은 종류의 기체들이 섞여 있다는 사실을 알고 있다. 그러나 생각해 보라. 도대체 누가 그리고 어떻게 이 눈에 보이지도 않는 공기가 그처럼 여러 기체들의 혼합물이라는 사실을 알아차릴 수 있겠는가?

슈탈의 플로기스톤 이론은 우리라면 금속의 산화와 환원이라는 개념으로 설명할 현상들에 대해 어째서 그런 현상이 일어나는지 합리적인 설명을 제공했다. 그의 설명은 이랬다. 금속은 플로기스톤을 풍부하게 갖고 있다. 그렇기 때문에 그것의 표면은 매끌매끌하고 윤기와 광택이 난다. 하소—요즘 식으로 말하자면 산화—는 플로기스톤이 빠져나오는 과정이다. 그러므로 하소된 금속은 전보다 표면이 거칠어지고 광택이 사라진다. 물론 플로기스톤이 빠져나갔기 때문이다. 그러나 이것을 플로기스톤을 대단히 풍부하게 가지고 있는 숯과 함께 가열하면 숯에서 빠져나온 플로기스톤이 하소된 금속에 보충되고, 금속은 원래의 모양을 되찾을 수 있다.

나무나 숯을 태우면서 불꽃이 타오르는 것을 본다면 당신은 플로기스톤이 맹렬한 속도로 방출되는 과정을 목격하고 있는 셈이다. 금속의 하소 역시 플로기스톤의 방출 과정이긴 하지만 그 속도는 숯이 탈 때와는 비교할 수 없으리만큼 느리다. 그렇기 때문에 우리는 불꽃 같은 현상을 볼 수 없다. 다 타고 난 뒤의 숯을 들어 본 적이 있나? 타기 전보다 훨씬 가벼워져 있다. 어째서 그런가? 물론 플로기스톤이 다 빠져나갔기 때문이다. 그리고 가연성(可燃性)의 원리가 다 빠져나가고 남은 재에는 아무리 불을 붙이려 해도 붙을 리가 없다.

이런 이야기를 들으면서 우리는 '뭔가가 잘못 됐다!' 고 생각하게 된다. 학교에서 배운 과학적인 상식과 어긋나기 때문이다. 과학을 배운 당신은 연소나 산화-환원이 어떤 과정인지 이미 '알고' 있다. 연소는 문제의 재료가 산소와 빠른 속도로 결합하는 과정이고 금속이 녹스는 것은 산소와 결합해 산화물을 형성하기 때문이다. 그렇지만 그것은 단지 학교에서 책을 통해 배운 것이 아닌가? 아니, 어쩌면 실험을 해본 일도 있을는지 모른다. 그렇지만 당신은 공기 중의 산소가 숯의 탄소와 결합해서 이산화탄소나 일산화탄소의 형태로 날아가 버리는 것을 보았는가? 금속의 표면에 산소가 들러붙으면서 산화물을 만드는 것을 보았는가?

_플로기스톤 이론의 약점

분명한 사실은 오늘날 화학 교과서에서는 거의 언급조차 되지 않는 플로기스톤 이론이 18세기 중반쯤엔 화학을 완전히 장악하고 있었다는 점이다. 당시의 과학을 선도하고 있던 영국과 프랑스 양국의 학자들을 비롯해 원칙적으로 물질의 특성을 탐구하던 모든 이들이 플로기스톤 이론에 동조하고 있었다. 원리화학의 토양 위에서 슈탈의 작업이 만들어낸 플로기스톤 이론은 18세기와 더불어 등장해 거의 한 세기 가까이 화학자들에게 설득력 있는 이론으로 받아들여졌다. 특히 그것은 연소와 하소라는, 서로 확연히 다른 성격을 지닌 현상으로 보이는 두 종류의 변화에 대해 통일성 있는 해명을 제공했고, 앞에서도 언급되었지만 금속재(calx) 즉 금속을 가열해 얻었던 금속의 산화물을 다시 원래 금속의 상태로 환원시키는 기술에 대해서도 같은 맥락에서 설명을 제공했다. 하지만 주의 깊고 어느 정도 과학에 친숙한 독자라면 플로기스톤 이론으로 설명하기 어려운 현상이 있겠다는 생각에 벌써 도달했을는지도 모르겠다.

나무가 타면 무게가 줄어든다. 플로기스톤 이론은 이런 현상을 설명할 수 있었다. 연소는 플로기스톤의 방출을 뜻하기 때문이다. 금속이 하소되면 어떤가? 하소는 금속재가 되는 과정을 뜻하는데, 하소시킨다는 것은 오늘날의 과학적 용어로 하자면 산화시킨다는 말과 거의 같다. 그런데 산화된다는 것은 산소와 결합한다는 것이니[8] 결과적으로 무게의 증가를 가져올 것이고 따라서 금속재의 무게가 원래 금속보다 더 크지 않겠는가? 이 물음에 대한 답은 "그럴 때도 있고 그렇지 않을 때도 있다"는 것이다. 우리의 물음은 '하소'에

8 오늘날의 화학자라면 아마 '산화'라는 개념을 다른 방식으로 즉 '산소'를 동원하지 않고 '전자'나 '에너지' 같은 요소를 써서 규정할 것이다.

관한 것이었고, 아직 산화라는 개념은 존재하지 않았다는 점을 상기하자. 하소는 금속을 가열했을 때 얻어지는 변화였다.

하소라는 말의 원천이었던 석회석과 석회의 관계에서는 분명 하소가 무게의 감소를 가져온다. 우리에겐 석회석과 금속이 서로 꽤 멀어 보일는지 모르지만 관점에 따라서는 사물의 혹은 물질의 종류들간의 거리가 달리 평가될 수 있으리라는 생각이 드는가?[9] 석회석의 경우 하소가 무게의 감소를 가져오고 이것은 플로기스톤 이론의 예상과도 부합하는 일이라고 말한다면 아마 "그것은 기껏해야 몇몇 특수한 경우에 해당하는 일일 뿐 하소 즉 금속의 산화는 금속의 무게를 증가시킨다"고 반론할 사람이 꽤 있을 것이다. 실제로 중학교 과학책에는 철 수세미를 태워보는 실험이 나온다. 실험을 해본 사람이라면 다른 것은 몰라도 철 수세미가 검게 변했던 것을 기억할 것이고, 어떤 사람은 철 수세미가 빠지직 소리를 내면서 타는 것을 보기도 했을 것이다. 타고 남은 검은 색의 금속은 철의 산화물 즉 하소된 철이다. 그렇게 만들어진 검은 수세미는 타기 전보다 더 무거워졌나? 그랬다. 분명히 더 무거워졌었다. 손으로 느낄 수 있는 무게에는 별 차이가 없었지만, 저울은 탄 수세미가 더 무거워졌다고 말해 주고 있었다.[10]

그런데 하소는 플로기스톤을 방출하는 과정이니 무게가 줄어야 마땅한데 어째서 하소 전보다 나중의 무게가 더 늘었을까? 이것은 사소하게 보일 수도 있지만 사실 플로기스톤 이론의 중대한 약점을 가리키는 질문이다. 방금 말한 사태를 논리적으로 분석해 보자.

9 엉뚱한 얘기 같지만, 미셸 푸코의 『말과 사물』이라는 책 첫 부분에 나오는 어느 중국 백과사전의 동물 분류에 관한 이야기를 읽고 웃음을 터뜨렸던 일이 생각난다. 그리고 나서는 꽤 한동안 '분류'라는 주제에 마음이 사로잡혔었다. 사실 화학에서 제일 중요한 문제 가운데 하나도 물질을 분류하는 일이다. 하지만 물질을 어떤 기준으로 분류할 것인가? 경계선은 어떻게 정할 것인가? 예컨대, '금속'이라는 분류 항목에 속하기 위한 조건은 무엇인가?

하소는 (연소와 마찬가지로) 플로기스톤의 방출 과정이고 (1)

플로기스톤의 방출은 무게의 감소를 가져온다. (2)

따라서 하소는 무게의 감소를 가져올 것이다. (3)

그런데 (실험 결과!) 하소가 무게를 증가시켰다. (4)

(1)과 (2)는 플로기스톤 이론이 주장하는 바고, (1)과 (2)를 받아들이면 (3)은 자연히 따라나온다. 즉 (3)은 플로기스톤 이론의 자연스러운 결론 가운데 하나이다. 그런데 실험 결과인 (4)는 (3)과 모순된다. 이렇게 실험의 결과와 이론이 충돌을 일으킨다면 어떤 판단을 내려야 할까? 이것은 뜻밖에 전혀 간단치 않은 문제다. 적잖은 독자들이 '그럼 이론을 버려야지!'라고 생각할는지 모르겠다. 그것이 과학에 대한 우리의 상식적인 견해와도 부합하는 대답이다. 하지만 실제 상황이라면 대답은 여러 가지 변수에 따라 달라지게 된다. 문제의 이론이 오랫동안 인정을 받아온 강력한 이론이라면 실험 결과를 의심하는 것도 충분히 있을 수 있는 일이다. 실제로 실험의 과정에 결함이 있을 수도 있다! 또는 실험은 제대로 수행되었지만 무엇인가가 잘못 해석되고 있을 가능성도 고려할 만하다.

그러나 만일 다양한 조건에서 거듭된 실험과 주의 깊은 재해석의 노력에도 불구하고 실험과 이론을 조화시키는 데 실패한다

10 최근 교과과정에서는 이 실험이 초등학교 6학년 내용에 등장하고 철 수세미 대신 철로 된 솜이 사용된다고 한다. 이런 변경의 의미는 무엇일까? 후자는 전자만큼 일상생활에서 쉽게 구할 수 있는 물건은 아닌 반면 한층 더 잘 탄다. 똑같이 10g의 재료가 사용된다고 할 경우 그 10g이 공기와 접촉하고 있는 총 면적이 철 솜에서 훨씬 더 넓기 때문이다. 만약 같은 무게를 지닌 작은 철 덩어리를 사용한다면 그 경우 공기와의 접촉 면적은 상대적으로 훨씬 작아지고, 필경 연소는 재료의 내부까지 변화시키지 못할 것이다. 반면 철 솜의 경우 쉽게 그리고 짧은 시간 안에 실질적으로 실험 재료 전부에 질적 변화를 가져올 수 있다. 같은 재료라도 어떤 형태로 실험에 사용하는가에 따라 실험이 보여주는 결과의 양상이 달라진다는 사실을 확인할 수 있다.

면 과학자는 이론을 재고하게 된다. 하지만 이 경우에도 이론을 단번에 폐기하는 일은 실제로 거의 일어나지 않는다. 이런 경우 대부분의 과학자는 기존의 이론을 어떻게 수정 혹은 보완해야 문제의 실험 결과를 성공적으로 설명해낼 수 있을지를 고민한다.

때로는 무엇이 중요한 문제인지를 분명히 인식하게 되기까지 오랜 시간이 걸리기도 한다. 이는 한 분야에서 무엇이 중요한 사항인지, 무엇이 당연하고 따라서 묻거나 대답할 필요조차 없고 무엇은 따져져야 할 문제인지에 대한 판단 기준이 변하기도 한다는 사실을 암시한다. 우리는 이미 이와 유사한 상황을 물리학의 역사에서 목격한 바 있다. 뉴튼 역학이 받아들여진 후 사람들은 더 이상 왜 돌멩이가 계속 날아가는지 묻지 않게 되었다. 오히려 무엇이 돌멩이의 운동 방향을 계속 변경시켜 포물선 모양의 운동 궤적을 만드는지가 설명되어야 했다. 또 뉴튼의 관성 개념에 따르자면 아무런 외부의 작용도 없는 상황에서 평면 위를 일정한 속도로 끊임없이 굴러가는 쇠공의 운동은 당연한 것인 데 반해 2미터쯤 굴러가다가 멈춰 버린 쇠공에 대해서는 '무엇이 그것을 멈추게 만들었는지' 대답할 수 있어야 했다.

라브와지에의 혁명과 새로운 화학

08

라브와지에

앞 장에서 우리는 연금술이라는 토양으로부터 서서히 체계화되면서 성장하고 있는 화학의 모습을 읽을 수 있었다. 이로부터 근대 화학의 열매가 열리기까지는 1770년대부터 본격적으로 전개되었던 기존의 화학과 새로운 화학 간의 치열하고 흥미진진한 대결이 있어야 했다. 이 대결은 여러 측면을 갖고 있고 많은 인물들이 여기 연루되어 있다. 근대 화학의 정립에 기여한 수많은 얼굴들 가운데서도 단연코 두드러져 보이는 주연은 라브와지에(Antoine-Laurent Lavoisier, 1743~1794)이다. 그는 1770년대 중반에 화학 개혁의 깃발을 쳐

들었고, 결국 자신의 목표를 이뤄냈다. 그러나 새로운 화학의 싹은 라브와지에가 화학에 헌신하기 전인 18세기 중반에 이미 고개를 들고 있었다.

_정량화학의 시작

18세기의 화학에서 일어난 핵심적인 변화 가운데 한 가지는 화학자들에게 '정량적 측정의 중요성'이 인식된 일이었다. 오늘날의 화학자라면 정량측정(定量測定) 없이는 아무 일도 하지 못한다. 화학자의 실험은 반응 전의 질량을 재고, 부피를 재고, 온도를 재고, 주변의 압력을 측정하고, 반응 후에 다시 질량과 부피를 재고, 온도 · 압력 · pH 농도 등 실험에 따라 측정되는 변수들의 종류는 달라지지만 여러 변수의 값을 정밀하게 측정하는 일로 점철된다.

하지만 이것은 결코 당연한 일은 아니다. 화학은 다양한 물질의 성질과 변화를 다루는 학문이다. 성질을 나타내는 영어 낱말 quality는 자주 양을 나타내는 말 quantity와 대비되어 쓰이고, '양과 질'은 종종 배타적인 양자택일을 뜻하는 개념쌍으로 등장한다. 그리고 화학의 궁극적인 관심은 후자 즉 '질'에 있다. 그런데 어째서 화학자들은 이런저런 양을 재고 또 재는 것일까? 그것은 질을 탐구하는 데 양이라는 경로를 거치는 것이 효과적이고 합리적인 길이라고 확신하기 때문이다. 즉 오늘날 화학자들은 질을 다루되 양을 통해 다룬다. 하지만 물질 탐구자들이 처음부터 이런 방식을 따른 것은 아니었다. 이른바 정량화학의 전통이 수립된 것은 18세기였다. 과학사학자 길리스피는 정량화학의 선구자로 기체화학자이면서 플로기스톤 이론가였던 조셉 블랙(Joseph Black, 1728~1799)을 꼽는다.

"화학자의 기술을 상징했던 증류기와 레토르트가 화학이라는 학문의 상징으로서의 천칭으로 대치된 것은 분명히 블랙부터였다. […...] 중량분석 방법의 엄격성, 시약의 순도에 대한 주의, 어떤 연구에나 수반되는 끈기 있는 추론, 실험에 관한 철저한 전략, 이 모든 것이 블랙의 것이었다."[1]

블랙뿐만 아니라 캐븐디시(Henry Cavendish, 1731~1810) 같은 당대의 선도적 과학자들이 하나 둘 정량화학의 전통에 합류했다. 이들은 플로기스톤 이론 진영의 중심 인물들이기도 했다. 흥미롭게도 마침내 플로기스톤 이론을 무너뜨렸던 가장 중요한 요인이라고 할 정량화학의 힘은 플로기스톤 이론의 품안에서 자라났던 셈이다.

플로기스톤 이론을 비판하면서 화학 혁명을 주도했던 라브와지에가 플로기스톤 이론의 오류를 확신할 수 있었던 장면도 정량화학이 제공했다. 29세의 젊은 화학자 라브와지에는 황을 태울 때 무게가 늘어난다는 사실을 알아차렸고, 인(phosphorus)에 대해서도 마찬가지라는 사실을 확인한 후 이것이 연소와 하소에 일반적인 현상이라고 추측했다. 이 추측이 옳다고 입증된다면 연소나 하소가 공통적으로 플로기스톤의 방출 과정이고 따라서 물질의 양이 줄어든다는 플로기스톤 이론의 주장은 반박되는 셈이었다.

하지만 그의 주장이 성립하기 위해서는 두 가지 조건이 충족되어야 할 것이다. 우선, 정밀한 측정이 포함된 실험이 있어야 한다. 금속이 녹슬 때는 하소를 금속과 산소의 결합이라고 볼 때 자연스럽게 추측할 수 있는 것처럼 무게의 증가가 일어나지만, 대개의 일상적 경험의 맥락에서 이런

1 찰스 길리스피, 『객관성의 칼날』, 219~220쪽. 이 문단에는 블랙의 정량화학에 대한 평가 말고도 18세기 후반을 거치면서 화학이 물질을 다루는 기술의 체계로부터 하나의 학문적 체계로 전진했다는 생각이 반영되어 있다.

증가의 양은 금속의 무게에 비해 아주 미미하기 때문에 그런 무게 증가를 '경험'할 수 있는 경우는 드물다. 더구나 석회석을 가열해 석회를 얻을 때처럼 하소가 기체의 방출을 수반할 경우 뚜렷이 무게가 감소하기 때문에 하소가 일반적으로 무게의 증가를 가져온다는 생각은 지지되기 어려웠다. 하지만 블랙 이래로 발달하기 시작한 정량화학의 전통은 라브와지에에게 영향을 미쳤고, 그의 힘이 되었다.[2] 라브와지에는 금속의 하소와 환원을 정확한 정량적 실험으로 분석했던 사실상 최초의 인물이었다.

또 한 가지 조건은 반응에 연루된 기체가 고려에 포함되어야 한다는 것이다. 황에 불을 붙이면 잘 타서 흔적도 거의 안 남기고 사라져 버린다. 플로기스톤 이론가라면 황은 거의 순수하게 플로기스톤으로 이루어져 있기 때문에 당연한 일이라고 설명할 것이다. 그러나 라브와지에는 다양한 연소와 하소 실험을 수행하고 해석하는 과정에서 반응에 유입되어 들어간 기체와 방출되는 기체의 양을 고려해야 한다는 점을 깨달았다. 그리고 황이 탔을 때 생성된 기체(SO_2나 SO)의 무게는 원래 황의 무게보다 더 무거웠다. 그런데 화학자들이 기체를 모으고, 재고, 그 성질을 분석하는 일을 한 것은 그리 오래 되지 않은 일이었다. 라브와지에는 기체를 적극적으로 연구하기 시작했던 선배들 즉 기체화학자들에게도 빚을 지고 있는 셈이었다.

2 더구나 그는 과학아카데미에서 화학자들 이외에도 몽쥬, 라플라스, 라그랑쥐 같은 수학-물리학 분야의 인물들과 교류하면서 뉴튼물리학의 계량적, 수학적 특성과 그 위력에 깊이 공감하게 된 터였다.

_기체화학의 발달 : 공기가 여럿이 되다

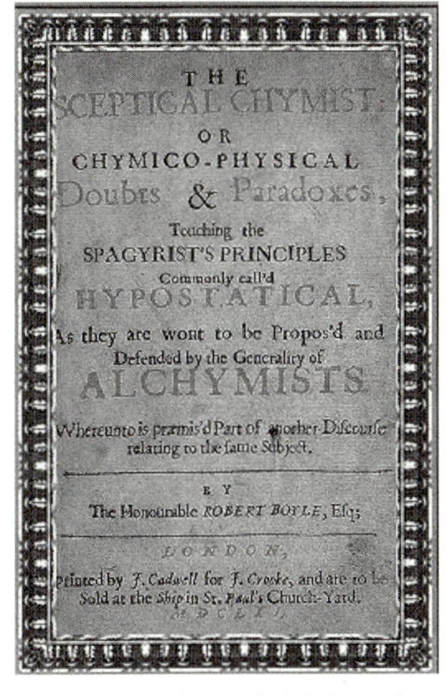

THE
SCEPTICAL CHYMIST:
OR
CHYMICO-PHYSICAL
Doubts & Paradoxes,
Touching the
SPAGYRIST'S PRINCIPLES
Commonly call'd
HYPOSTATICAL,
As they are wont to be Propos'd and
Defended by the Generality of
ALCHYMISTS.
Whereunto is præmis'd Part of another Discourse
relating to the same Subject.
BY
The Honourable ROBERT BOYLE, Esq;
LONDON,
Printed by J. Cadwell for J. Crooke, and are to be
Sold at the Ship in St. Paul's Church-Yard.
MDCLXI.

보일의 『의심 가득한 화학자』 표지

공기는 오랫동안 단일한 물질로 인식되었다. 그것은 자연스러운 일이었다. 자동차 매연으로 인해 또는 황사 때문에 오늘 아침 공기가 평소보다 덜 신선하다는 것을 느낄 수는 있겠지만 그 누가 자신의 눈이나 후각을 가지고서 공기가 여러 기체들의 혼합물이라는 사실을 알아차릴 수 있겠는가! 만일 학교에서 배우지 않고서 공기가 그런 혼합물이라는 사실을 알아차릴 수 있었다고 말하는 이가 있다면 예리한 감각의 소유자라기보다는 거짓말쟁이일 확률이 높을 것이다.

그런데 17세기에 상황은 달라지기 시작했다. 기체가 적극적인 연구의 대상이 되기 시작한 것이다. 우리는 앞에서 『의심 가득한 화학자』(1661)라는 저서를 펴냈던 보일의 이름을 접한 바 있다. 기체에 작용하는 압력(***P***)과 기체의 부피(***V***) 사이의 관계를 나타내는 법칙을 발견한 바로 그 보일이다.

[보일의 법칙] $PV =$ 상수

여기서 우리는 보일의 시대에 이미 기체가 과학적 탐구의 대상으로 자리를 잡았다는 사실을 확인할 수가 있다. 그러나 보일의 법칙은 그냥 즉 기체의 특정한 종류를 한정하는 아무런 수식어도 붙지 않은 '기체'에서 성립하는 법칙이었다. 보일은 다양한 종류의 기체들 각각이 지니는 고유

연소시 발생하는 기체를 수상치환으로 포집하는 방법을 나타낸 그림 (18세기)

한 성질을 탐구한 것이 아니었다. 이런 점에서 보일의 법칙은 기체에 대한 화학적 관심의 성과라기보다 물리학적 탐구의 성과였다. 사실 아직 세상은 근본적으로 다양한 종류의 기체들이 존재한다는 사실을 모르고 있었다. 공기는 아직도 단순한 물질이었던 것이다. 그리고 이제 막 18세기 영국의 화학자들에 의해 기체화학의 시대가 열리기 시작하고 있었다.

기체화학의 선구자는 영국 국교회의 목사이기도 했던 헤일즈(Stephen Hales, 1677~1761)였다. 그는 실험을 통해 '고정된 공기(fixed air)'를 발견했는데, 이것은 오늘날의 방식으로 말하자면 이산화탄소(CO_2)였다. 어떤 기체를 '2-산화-탄소'라고 부르려면 산소와 탄소라는 원소를 알고 있어야 할 뿐만 아니라 원소를 '종류'의 관점에서 고찰하는 단계를 넘어 단위를 정하고 조성을 분석할 수 있어야 한다. 그런 관점은 19세기 초에야 성립되었다.

고정된 공기를 얻는 일은 어렵지 않았다. 석회석을 가열하면 마치 그 안에 고정되어 숨어 있던 것이 풀려나듯 이 공기가 생성되었다. 뒤를 이어 영국의 블랙, 캐븐디시, 프리스틀리(Joseph Priestley), 그리고 스웨덴의 셸레(Carl Wilhelm Scheele) 같은 이들이 기체화학을 발전시켰다. 이들은 앞을 다투어 새로운 종류의 공기를 발견했고 자신들이 발견한 공기의 성질을 보고하였다. 블랙은 헤일즈가 발견했던 고정된 공기를 분리하는 실험에 성공했다. 캐븐디시는 가연성 공기(inflammable air) 즉 타는 공기를 발견했다. 수소였다. 18세기의 가장 뛰어난 실험 화학자라고 할 만한 프리스틀리는 '나빠진 공기(vitiated air)'와 '초석 공기(nitrous air)'를 발견했다. 그것은 두 종류의 질소산화물이었다. 셸레는 '불의 공기(fire air)'를 플라스크 안에 얻었다. 오늘날의 이름으로 하자면 산소였다.

기체화학자들의 공헌은 여러 종류의 공기가 있다는 사실을 알아차리고 몇몇 종류의 기체를 발견했다는 데 그치지 않는다. 그들은 기체를 다루는 기법을 세련되게 만들었고, 기체의 연구에 필요한 도구와 조작법을 발달시켰다. 오늘날의 실험실에서도 사용되는 기본적인 테크닉인 수상치환법 역시 18세기 기체화학자들의 유산이다.

_산소의 발견자는 누구인가?

이제 라브와지에의 혁명이 시작된다. 흥미롭게도 그는 일찍부터 자기 글 속에서 '개혁(reform)'이라는 표현을 사용하고 있다. 플로기스톤 이론 중심의 당시 화학이 잘못되어 있다는 확신을 가지고 있었다. 우리는 여기서 하나의 물음을 중심으로 삼아 화학 혁명의 핵심적인 면모를 살펴보기로 한다. 산소의 발견자는 누구인가?

그런데 이 물음은 수상하다. 인류가 지구상에 모습을 나타내기 훨씬 전부터 대기 속에 늘 존재했던 산소를 '발견한다'는 것은 무슨 말인가? 과학적 발견이라는 관점에서 말하자면, 산소라는 특정한 종류의 기체를 분리해내고 그것의 화학적 성질을 파악한다는 것을 뜻할 것이다. 그렇다면 산소의 발견은 18세기 후반의 성과였고, 이 물음에 대한 답으로 검토될 만한 인물은 셸레, 프리스틀리, 라브와지에 이렇게 세 사람이다.

꽤 순수한 상태의 산소 기체를 자신의 집기병 속에 모을 수 있었던 첫 번째 인물은 셸레였다. 하지만 그는 그것의 정체를 제대로 파악하지 못했다. 그는 그것을 특정한 종류의 기체라고 생각하지 못하고 공기의 어떤 특정한 상태라고 이해했다. 뿐만 아니라 그는 자신의 발견을 보고하는 일에도 더뎠다. 이미 과학 단체가 과학 활동의 기반이 되고 있던 시대였고, 그것은 공적인 보고나 발표를 통해 과학 단체에 속한 동료들의 인정을 받는 것이 업적의 기준이 되는 시대가 시작되었음을 뜻했다. 이렇게 해서 셸레는 1등을 하고도 후보에서 제일 먼저 탈락한다.

이제 남은 두 후보간의 강력한 경쟁이 벌어진다. 왕립학회측의 프리스틀리와 과학아카데미의 라브와지에이다. 1773년에 라브와지에는 수은의 금속재(HgO, 현대식 이름으로는 산화제이수은)를 만드는 실험을 반복하는 가운데 이 금속재가 수은과 어떤 특정한 공기의 결합체라고 확신하게 된다. 그의 문제는 이 특정한 공기를 분리해서 따로 모을 수 없다는 점이었다. 분리해낼 수 없다면 그 기체의 정체를 파악하기는 어려운 일이었다. 그러던 중 1774년에 프리스틀리가 파리를 방문했는데, 라브와지에는 그가 수은의 금속재를 가열해서 '연소를 돕고 숨쉬기에도 좋은 공기'를 얻을 수 있었다는 이야기를 듣게 된다. 그렇다, 프리스틀리는 이미 라브와지에보다 먼저 산소를 분리해냈던 것이다. 하지만 프리스틀리는 자기가 분리해낸 기체의 정체를 제대로 파악하지 못했다. 그는 그 기체에 'dephlogisted air' 즉 '플로기스톤이 빠진 공기'라는 이름을 붙였다. 이것은 프리스틀리 역시 이 기체를 별도의 물질 종류로 본 것이 아니라 공기의 특정한 상태로 파악했음을 말해 준다.[3]

하지만 어째서 '플로기스톤이 빠진 공기'인가? 간단하고도 명확한 힌트는 닫힌 공간 속에서 꺼져가는 촛불에 이 공기를 공급했을 때 촛불이 환하게 살아난다는 사실에서 얻을 수 있다. 플로기스톤 이론의 관점에서 프리스틀리는 이 사태를 이렇게 설명할 수 있었다: 양초가 타면서 방출된 플로기스톤이 닫힌 공간에 가득 차 포화상태에 이르면 양초에는 여전히 플로기스톤이 많이 남아 있음에도 불구하고 양초로부터 공간을 향해 더 이상 플로기스톤이 방출되지 못하고, 따라서 촛불이 꺼져간다. 하지만 이때 플로기스톤이 빠진 공기를 공급하면 주어진 공간 속에 다시 플로기스톤의 빈자리가 생겨나면서 그곳들이 다 찰 때까지 플로기스톤의 방출 즉 연소가 계속되는 것이다. 이것은 물론 이상한 설명이지만 그 자체로는 일관성을 지니고 있다.

이런 나름대로의 일관성은 몇 년 후 물의 합성에 관한 실험을 해석할 때도 다시 한 번 드러났다. 1780년대 초에 화학자들은 수소를 연소시키는 실험에 매달렸었다. 알다시피 수소에 불을 붙여 태우면 물이 생긴다. 수소(H)가 산소(O)와 결합해 물(H_2O)을 만드는 것이다. 플로기스톤 이론 진영의 프리스틀리와 캐븐디시가 이 실험에서도 선도적인 역할을 했다. 프리스틀리의 해석은 이랬다. 먼저 그가 보기에 일찍이 '타는 공기'라고 명명되었던 이 기체(수소)의 정체는 물과 플로기스톤의 결합체였다. 이유는 분명했다. 이 공기에 불꽃을 튀겼을 때 폭발하듯 타버리는 것을 볼 때 이 공기는 분명 플로기스톤을 풍부하게 포함하고 있었다. 한편 실험 장치 내부를 축축하게 만드는 이 반응의 산물은 물이었다. 이 공기 안에는 물이 들어 있음에 틀림이 없었다. 우리라면

수소 + 산소 = 물

이라고 간단히 풀이할 이 반응을 프리스틀리는 다음과 같이 설명했다.

3 플로기스톤이 빠진 공기'는 말하자면 '특별히 시원한 공기'나 '싱그러운 꽃냄새가 나는 공기'와 같은 수준의 표현이기 때문이다.

부인 마리 안느(그림 오른쪽에 앉아 있는 여성)가 그린 라브와지에의 실험실

[플로기스톤 + 물] + [플로기스톤이 빠진 공기] = 물을 포함한 (축축한) 공기

그리고 이것은 틀린 해석이었지만, 일리가 있는 해석이었다.

하지만 이미 플로기스톤 이론의 약점을 직시하고 있었던 라브와지에는 프리스틀리가 잘못 생각하고 있다는 사실을 금방 직감했다. 프리스틀리는 정말 100년에 한 사람 나올까말까 하는 뛰어난 실험가임에 틀림없었지만, 그릇된 이론의 관점에서 현상을 보고 있었다. 라브와지에는 프리스틀리에게서 수은의 금속재를 어떤 온도로 가열했을 때 '그 공기'가 분리되는지에 대한 결정적인 정보를 얻었다. 그는 그렇게 해서 자신의 실험을 완성할 수 있었고, 분리해낸 그 기체를 가지고 다양한 실험을 계속했다. 그리고 그 기체에 '산(酸)을 생성하는 원리' 라는 의미에서 산소(oxygène)라는 이름을 붙였다.[4]

4 산소가 들어간다고 해서 산(acid)의 성질을 띠게 되는 것은 아니다. 그런 점에서 라브와지에의 이 명명에는 분명 오류가 포함되어 있다. 길리스피는 이 점을 꼬집어 "그 후 화학은 이 때 라브와지에가 저지른 잘못을 영속시키고 말았다" 고 말한다.

_명명법의 개혁

라브와지에는 산소를 명명하는 데서 그치지 않고 수많은 물질에 이름을 붙이는 화학의 전반적인 언어 체계를 체계적으로 개혁하려 했다. 그는 1789년에 근대 화학 최초의 표준 교과서라고 할 수 있을 『화학원론(*Traité Élémentaire de Chimie*)』을 출간했는데, 이 책을 보면 그에게 명명법(nomenclature)의 개혁이 얼마나 중요한 문제였는지 생생하게 나타나 있다. 그는 그의 새로운 화학에 동조했던 기통 드모르보(Guyton de Morveau), 베르톨레(Claude Louis Berthollet), 푸르크르와(Antoine François Fourcroy) 등의 젊은 화학자들과 함께 새로운 명명 체계를 수립하는 일에 여러 해를 바쳤다.

명명법의 변화 양상을 엿볼 수 있는 예를 들어보자면, 기체화학자들이 발견하여 '고정된 공기'라고 불렀던 기체가 이제는 '탄산(carbonic acid)'이라고 불리게 되었다.[5] 전자가 물질의 성질이나 성질의 특정한 측면을 반영하고 있다면, 반면에 후자는 물질의 조성(組成)을 반영하고 있다. 라브와지에와 그의 동료들은 이처럼 물질의 이름이 그것의 성질뿐만 아니라 그 조성을 체계적인 방식으로 표현하게 하는 방향으로 새로운 명명법을 구축해 갔다.

다른 분야보다 화학에서 명명법의 비중이 더 크기는 하지만, 분야를 막론하고 중대한 이론적 변화가 일어날 때는 그것과 더불어 그 분야의 명명 체계가 변화를 겪는 것이 보통이다. 토마스 쿤은 과학 활동의 중심에 암묵적으로 공유된 그 분야의 '사전(lexicon)' 같은 것이 존재한다고 보았다. 이 사전은 그 분야 중심 이론의 변동에 따라 전체적으로 혹은 부분

5 여기에 'acid'라는 요소가 등장하는 것은 앞에서 언급되었듯이 라브와지에가 산소를 산을 생성하는 요소로 인식했기 때문이다. 이 이름은 '탄소와 산소의 결합물'을 가리키고 있는 셈이다.

적으로 수정된다. 사전이 바뀌었다는 것은 세계를 바라보는 우리의 눈, 세계를 이해하기 위해 의식적 혹은 무의식적으로 적용하는 우리의 개념틀이 바뀌었다는 것이다. 과학의 역사에서는 때로 이런 개념틀의 뚜렷한 변화가 일어나기도 한다.

_이 이야기에서 읽어낼 수 있는 과학의 특성

산소가 발견되고 명명되기까지의 과정을 들여다보면서 우리는 과학에서 일어나는 질적 변화와 발전의 몇 가지 특징을 알아볼 수가 있다. 우선 플로기스톤 이론 진영의 학자들과 라브와지에를 비교하면서, 동일한 사태를 종종 서로 판이한 관점에서 서로 다른 방식으로 파악하고 서로 다른 방식으로 서술·설명하는 일이 가능하다는 사실을 확인하게 된다. 비록 이 힘겨루기는 라브와자에의 분명한 승리로 끝을 맺었지만, 그 과정은 결코 결과처럼 명확하게 일방적인 승부가 아니었다.

가장 결정적인 승부의 관건은 금속의 하소가 무게의 증가를 가져온다는 사실이었다고 할 수 있다. 정량화학이 자리를 잡으면서, 그리고 실험의 절차와 결과가 과학 단체를 배경으로 신속하게 공유되는 문화 속에서 라브와지에의 공격에는 힘이 실렸다. 그러나 플로기스톤 진영의 설명이 전혀 불가능했던 것은 아니다. 그들은—이것은 과학의 역사 속에서 찾아볼 수 있는 가장 기발하고도 옹색한 논변이다—금속의 경우 플로기스톤이 음(-)의 무게를 갖는다고 설명함으로써 이 상황을 구해 보려고 했다. 음의 무게를 갖는 것이 빠져나갈 경우

원래 금속의 무게 - 방출된 플로기스톤의 무게 = 남은 금속재의 무게

100g - (-1g) = 101g

이런 식으로 무게가 증가하게 되고 거꾸로 음의 무게를 가진 플로기스톤이 결합하면 무게가 감소한다는 설명이다.

과학아카데미에서의 실험

'애드혹(ad hoc) 설명' 혹은 임시변통식 설명의 뚜렷한 예로 꼽힐 만한 이 논변의 중대한 결함은 그것이 '음의 무게'라는 수상한 개념을 동원한다는 데 있다기보다 당면한 위기를 모면하기 위해 이론의 중심에 위치한 플로기스톤 개념의 통일성을 스스로 와해시키면서 이론 전체를 자기분열의 상황으로 몰아넣는다는 데 있다. 훌륭한 과학 이론은 여러 가지 덕목을 갖추어야 한다. 그 중에는 그것이 각각의 현상, 특정한 관찰이나 실험의 결과를 설명할 수 있는가 하는 항목도 있지만 이론이 논리적, 개념적 측면에서 일관성을 지녔는지도 기본적인 평가 항목 가운데 하나이다. 과학 이론의 변화가 일어날 때, 여러 이론이 서로 경쟁하면서 선택을 요구할 때, 과학자들의 판단 속에서는 이처럼 다양한 덕목들에 대한 평가가 종합되고 있는 셈이다.

라브와지에의 경우에서 배울 수 있는 또 다른 가르침은 과학자 한 사람

한 사람은 완전하기가 어렵다는 것, 그러나 교류와 소통을 통해 서로의 발전을 촉발하고 또 결국 전문가 집단 전체의 진보가 촉진된다는 것이다. 과학의 발전은 각각 불완전하면서도 저마다의 고유한 장점을 가지고 문제의 영역에 접근하고 있는 상이한 관점들이 서로를 비판하고 또 그러는 가운데 서로에게서 힌트와 가르침을 얻으면서 결과적으로 상호 보완해 가는 과정으로 이루어진다.

프리스틀리를 비롯한 플로기스톤 진영의 뛰어난 실험가들에게서 얻은 힌트가 아니었으면 라브와지에는 실험에서 맞닥뜨린 몇 차례의 난관을 극복하기 훨씬 어려웠을 것이다. 과학아카데미에서 수학과 물리학 분야의 동료들과 교류하지 않았더라면 라브와지에는 뉴튼의 실험철학이나 정량적이고 수학적인 특성을 띤 과학의 힘에 눈뜨지 못했을는지도 모른다. 드모르보와 푸르크르와 같은 젊은 동료들의 협력이 없었더라면 명명법의 개혁은 훨씬 더 더디게 진행되었을 것이고 어쩌면 프랑스 혁명의 끝자락에서 라브와지에가 어이없이 단두대에 올라야 했던 1794년까지도 완성되지 못했을는지 모른다.

미시 세계에서 만난 새로운 물리학 : 양자역학

09

이제 우리는 역사의 뒤안길로 저물어 간 과학 이야기들의 영역을 지나 오늘날의 과학을 살펴보는 부분으로 넘어간다. 여기서 말하는 오늘날의 과학은 20세기 과학을 뜻한다. 우리는 물론 21세기의 시민들이다. 그러나 21세기는 아직 우리에게 대상화될 채비가 되지 않았다. 우리가 역사에 대한 성찰의 노고가 남겨주는 편안하고 두둑한 자신감을 갖고 21세기의 과학에 대해 논할 수 있으려면 아직 한참의 세월이 더 흘러야 할 것이다.

_돌튼의 원자로부터

20세기의 물리학은 원자에 대한 탐구로 시작되었다. 19세기가 저물어갈 무렵 물리학자들은 "원자의 구조는?"이라는 물음에 관심을 모으고 있었다. 기원전 5세기 그리스의 데모크리토스와 레우키포스 등이 세계를 구성하는 궁극적인 재료로 상정했던 원자(atom)가 자연과학의 영역에 다시 등장한 것은 19세기 초의 화학자 돌튼(John Dalton) 때였다. 돌튼은 라브와지에의 혁명에 의해 개혁된 화학을 원자라는 개념을 통해 체계화함으로써 화학을 원리화학의 시대로부터 탈피시켜 현대화학 쪽으로 한 걸음 전진시켰다. "나는 '산을 만드는 원리'라는 뜻으로 이 기체를 '산소'라고 명명한다"는 라브와지에의 말에 여전히 드리워져 있던 원리화학의 그림자는 이제야 화학에서 말끔하게 씻겨 나가고 있었다.

돌튼의 원자는 고대 그리스의 원자와 동일한 정신 위에 서 있다. 그는 각 물질의 원자들이—고대 그리스 원자론자들의 그것들처럼—당구공같이 생긴 "아주 작고 더 이상의 부분들로 분할할 수 없을 뿐만 아니라 파괴할 수도 없는 알갱이들"이라고 생각했다. 그리고 돌튼의 원자들은 물질마다 고유한 질량과 크기 그리고 고유의 화학적 속성을 지니고 있었다. 이제 원자들은 다양한 형태 대신 고유의 크기와 질량을 갖게 되었다. 그리고 만일 그 물질의 화학적 특성이 어디에 기인하느냐고 묻는다면 돌튼은 '원자 자체에!'라고 답했을 것이다.

_전자의 발견과 톰슨의 원자 모형

20세기 물리학을 그 이전의 물리학과 구별짓는 요소이면서 현대 물리학을 지탱하는 하나의 기둥이기도 한 양자역학(quantum mechanics)의 역사는 '원자의 구조'라는 문제로부터 출발한다. 원자의 구조라는 주제는

20세기가 막 동틀 무렵 과학자들의 관심을 움켜잡았다. 이 문제의 전개 과정을 살펴보기 전에 원자의 구조라는 개념을 한번 새겨볼 필요가 있다. 원자는 물질을 구성하는 궁극의 단위 알갱이로 그리스 원자론자들의 개념 자체가 그것이 '더 이상 나눌 수 없는 것'임을 분명히 못박고 있었다. 그런데 '원자 = 더 이상 나눌 수 없는 최소의 알갱이'와 '구조'라는 말은 어울리는가? 'A사에서 나온 레저용 신형 자동차의 구조'를 말할라치면 우리는 예컨대 '그것의 운전석은 어떻고 조수석은 어떠하며 또 트렁크의 용량은 어떤지' 등을 서술하게 된다. 즉 구조라는 개념은 문제의 대상을 구성하는 '부분들과 그것들간의 상호관계'를 포괄한다. 그런데 더 이상 나눌 수 없는 것은 더 이상의 부분을 갖지도 않는 것이 아닌가? X의 구조를 말하려면 X보다 더 작은 것을 다루지 않으면 안 된다. 그렇다, 원자의 구조에 관한 논의는 원자보다 더 작은 어떤 것이 시야에 포착됨으로써 촉발되었다. 그것은 바로 전자(electron)였다.

전자의 발견은 1870년대에 음극선관(cathode ray tube)의 초기 형태에 해당하는 도구[1]를 가지고 실험을 하던 중 양쪽 전극 사이에 높인 전압이 걸린 진공 상태의 유리관 속을 마치 빛나는 전선처럼 가로지르며 두 전극을 잇던 음극선의 정체에 대한 의문으로부터 시작되었다. 이 빛줄기는 필경 전기를 띤 입자들의 흐름이었다. 공기까지 뺀 진공 상태로 그야말로 아무것도 없는 유리관 속의 허공을 가로질러 전기의 흐름을 형성하고 있지 않은가! 게다가 빛줄기가 음극으로부터 나오는 것을 볼 때 그것은 음(-)의 전기를 띤 입자들이라고 추정할 만했다.

음극선을 구성하는 입자들의 정체를 규명하려 했던 노력 가운데서도 톰슨(J. J.

1 그것을 만든 사람들의 이름을 따서 크룩스관(Crookes Tube)이나 브라운관(Braun Tube)으로 불렀다. CRT라는 약칭으로도 불리는 음극선관은 텔레비전 수상기의 원시적인 조상쯤에 해당하는 것이었다.

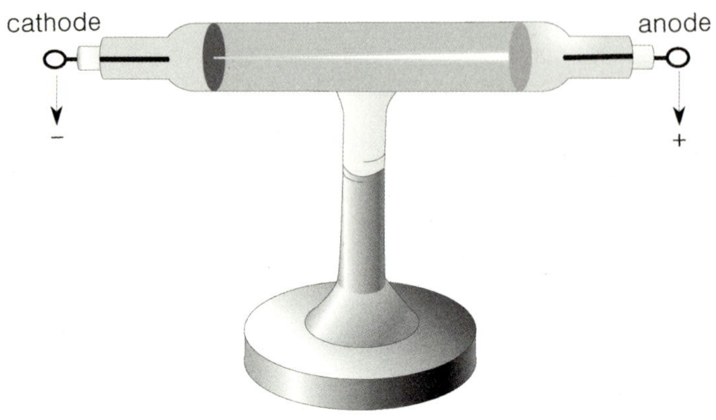

음극선관의 일종인 크룩스관

Thomson)의 시도는 가장 선도적이었고, 또 성공적이었다. 아직 아무도 그 입자 하나를 떼어서 질량을 재거나 전하량을 잴 재주는 없었다. 이런 상황에서 톰슨은 이 '입자들의 흐름'에 전기장이나 자기장을 걸어 그 영향을 살펴보면서 이미 알려진 입자들 가운데 어떤 것과 유사한지 탐색해 갔다. 그런데 톰슨의 연구 결과는 이 음극선을 구성하는 입자가 이제까지 알려진 입자들 중 어느 것과도 다른 특성을 지닌다는 것이었다. 톰슨은 1894년 이 입자의 전하량과 질량 사이의 양적 관계(e/m)를 알아내는 데 성공했다.[2] 그는 입자의 전하량과 질량 어느 편도 아직 규명되지 않았던 시점에 양편의 관계를 먼저 알아낸 것이다! 그것은 덩치에 비해 작은 양의 전기를 띤 입자인가? 아니면 덩치에 비해 전기가 빵빵한 입자인가?

2 이런 탐색은 어떤 방식으로 가능할까? 예컨대 같은 질량(m)을 가진 두 입자에 같은 세기의 전기장을 작용한다면 둘 중에서 전기(e)를 더 많이 가진 입자가 더 큰 영향을 받을 것이다. (만일 아무 전기도 가지고 있지 않다면 전기장에 아무 영향도 받지 않는다.) 또 만일 동일한 만큼의 전기를 띤 두 입자에 같은 전기장을 작용시킨다면 양쪽에 같은 크기의 전기적 힘이 작용하겠지만 그 경우 질량이 가벼운 쪽이 더 큰 영향을 받는 것처럼 보일 것이다($F = m \cdot a$).

그의 연구는 이 입자가 후자에 해당한다는 사실을 밝혀 주었다. 그것은 추정컨대 대단히 작고 가벼운 반면 상당한 전기를 띠고 있었다. 원자들 중에서도 가장 작은 원자인 수소원자와 견주어 보더라도 그것의 질량은 너무 작아 무시해도 좋을 것처럼 보였다. 하지만 그것은 수소이온(H+)과 맞먹는 정도의 음전기를 가지고 있는 것으로 추측되었다. 흥미롭게도 전자의 정체가 확인되기 직전에 이미 '전자(electron)'라는 용어가 제안되어 있었다. 그것은 실험을 통해 확인되기 전에 '전기를 띤 단위 알갱이'에 붙여져 있던 이름이었다.[3] 이제 톰슨의 활약에 힘입어 전자는 과학자들이 인정하는 대상이 되었다. 다음 문제는 전자가 물질 세계에 어떤 방식으로 존재하는가였다. 만물은 원자로 이루어져 있다는 신념은 여전히 견고하게 유지되었고, 전자는 원자 안에 어떤 방식으로든 들어 있는 것이 분명했다. 이렇게 해서 '전자를 포함한 원자의 모형을 그려내는 일'이 과제로 등장했다. 지금부터 100여 년 전, 19세기가 20세기로 넘어가던 때의 일이다.

이 과제의 선두 주자 역시 톰슨이었다. 그는 자신이 주도했던 전자 연구의 결론을 활용했다. 전자는 음의 전기를 띤 알갱이로서 원자 안에 들어 있다. 그런데 전자를 포함한 원자는 음의 전기도 양의 전기도 띠고 있지 않다. 말하자면 그것은 전기적으로 중성이었다. 이러한 토대 위에서 톰슨은 '건포도 머핀 모형(plum pudding model)'을 제안했다. 그것은 전체적으로 양의 전기를 띤 공 모양의 원자 안에 음의 전기를 띤 알갱이인 전자들이 마치 빵 속의 건포도처럼 박혀 있는 모양이었다.

톰슨뿐만 아니라 그 누구의 눈에도 원자는 보이지 않는다. 그런데 지금 과학자들은 원자의 그림을 그리기 시작했다. 여기서 사용되고 있는 것은 '모형(model)'이다. 모형은

3 스토우니(J. Stoney)는 1894년 발표된 논문에서 이 이름[electron]을 제안하면서 그것을 "전기의 원자(atom of electricity)"라고 불렀다.

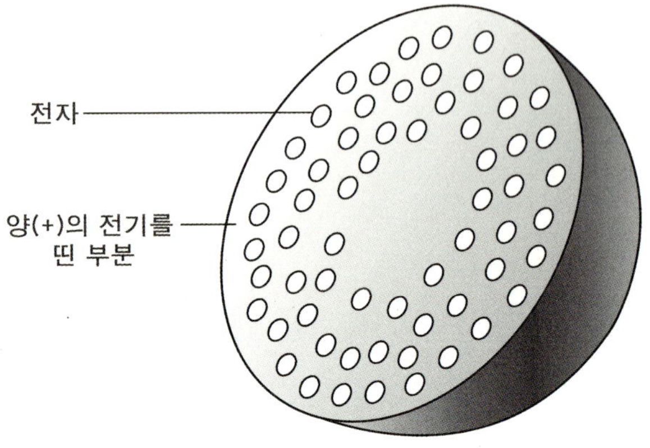

톰슨의 원자 모형

눈으로 직접 볼 수 없는 대상을 이해하는 하나의 방편으로서, 과학자는 우리에게 이미 친숙한 대상이나 형태 혹은 개념들을 엮어 모형을 구성한다. 탐구의 대상은 여전히 볼 수 없지만 모형은 눈앞에 놓여 있다. 그리고 대상과 모형 사이에는 어떤 유사성(similarity) 혹은 구조적 동형성(同形性, isomorphism)의 관계가 성립하고, 그런 유사성 혹은 동형성은 우리에게 저 보이지 않는 대상을 이해하고 다룰 수 있는 발판을 제공한다.

_알파입자 실험과 러더포드의 원자 모형

톰슨의 모형은 나름대로의 일리가 있는 것이었지만 얼마 지나지 않아 한계를 드러냈다. 다음 단계의 원자 모형은 톰슨 밑에서 훈련받고 성장한 뉴질랜드 출신의 과학자 어니스트 러더포드(E. Rutherford)에 의해서 1911년쯤 제안되었다. 그것은 러더포드의 실험실에서 수행된 '얇은 금종이에 알파(α)입자 쏴대기 실험'의 결과였다. 이 입자의 정체를 우리라면 '헬륨 원자의 핵'이라고 간단히 말하겠지만, 아직 '핵'이라는 개념이 등장하기 전인 당시로서는 "수소 원자보다 네 배 정도 묵직하고 양의 전기를 띤, 방사성 원소의 붕괴에서 방출되는 입자" 정도로 규정되었을 뿐이다.

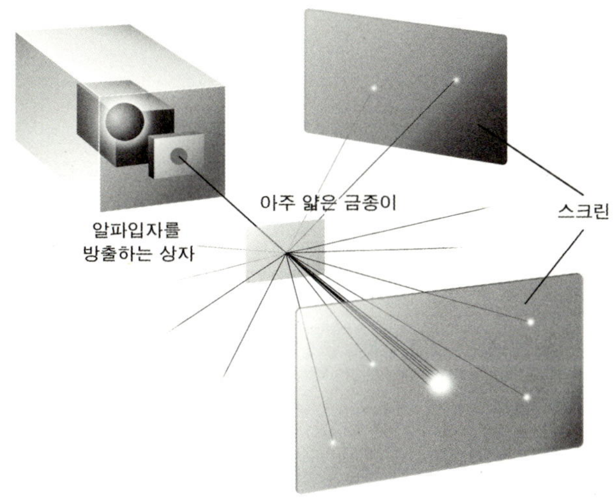

러더포드의 알파입자 실험

알파입자 실험의 결과를 톰슨 모형은 잘 설명하지 못했다. 직선 경로를 이탈하는 알파입자들의 수도 예상과 달랐지만, 특히 이탈의 정도는 도무지 설명되지 않았다. 심지어 출발한 방향 쪽으로 튕겨져 돌아오는 알파입자들도 있었다.[4] 러더포드는 이런 현상을 설명하려면 원자 안에 양의 전기가 집약된 부분이 있어야 한다고 생각했다. 알파입자와 금 원자들

4 러더포드는 이 실험의 결과가 대단히 놀라운 것이었음을 다음과 같이 표현하기도 했다. "그것은 마치 지름 15인치짜리 포탄을 얇은 종잇장에 대고 쏘았는데 그것이 튕겨져 돌아온 듯한 느낌이었다."

간의 충돌로는 설명할 수 없었던 실험 결과의 양상이 알파입자의 양(+)전기와 원자의 그런 부분 간의 전기적 반발력으로는 설명될 수 있을 것 같았다. 전기적 반발력 즉 양의 전기끼리 혹은 음의 전기끼리 서로 밀치는 힘은 대단히 강하기 때문이다. 그것은 올바른 판단이었다. 이렇게 해서 원자가 지닌 질량의 대부분을 차지하면서 원자가 지닌 양의 전기를 모두 가진 '원자핵(nucleus)'의 존재가 규명되었다. 러더포드의 원자 모형은 한가운데 양의 전기를 띤 핵이 존재하고 전자가 그 주위를 회전 운동하는 구조였다. 전자의 회전 속도에 의한 원심력과 핵(+)과 전자(-)가 서로 당기는 전기적 인력이 서로 균형을 이룬다고 보면 이것은 대단히 멋지고 합리적인 구조였다.

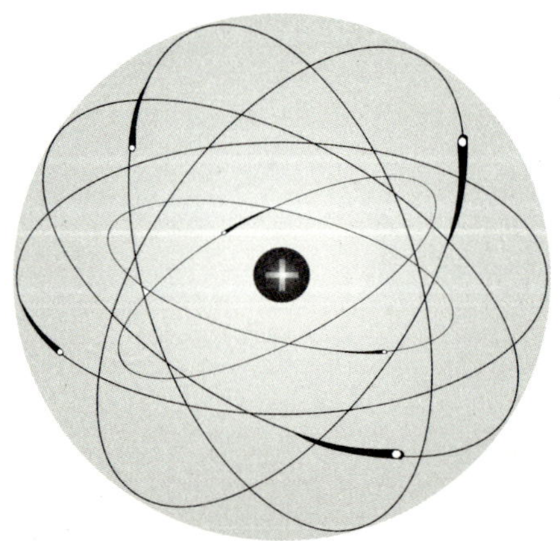

러더포드의 원자 모형

그런데 이 모형은 한 가지 중대한 문제점을 안고 있었다. 고전 물리학에 따르면 전기를 띤 대상이 가속된 운동을 하는 경우—등속직선(等速直線) 운동 이외의 모든 운동은 가속된 운동이다—전자기파를 방출한다. 전자는 전기를 띤 알갱이고, 원 운동이나 타원 운동은 가속된 운동이므로 원자 안에서 전자의 운동은 당연히 이 경우에 해당된다. 또 전자기파를 방출한다는 것은 에너지를 잃는다는 것을 뜻한다. 그렇다면 전자는 핵 주위를 회전하는 동안 계속 에너지를 잃을 것이고, 결국 에너지를 모두 잃어버린 전자는 양의 전기를 띤 핵의 인력에 끌려 핵과 합쳐져 버릴 수밖에 없을 것이다. 이것은 러더포드의 원자가 안정성을 유지할 수 없음을 의미했다. 그의 원자 모형은 태양계 모형(planetary model)이라는 별명을 갖고 있었는데, 방금 언급한 전자의 행태는 말하자면 금성과 지구와 화성 등이 모두 태양의 인력에 끌려 그것과 한덩어리가 되어 버리는 상황에 해당하는 것이었기 때문이다.

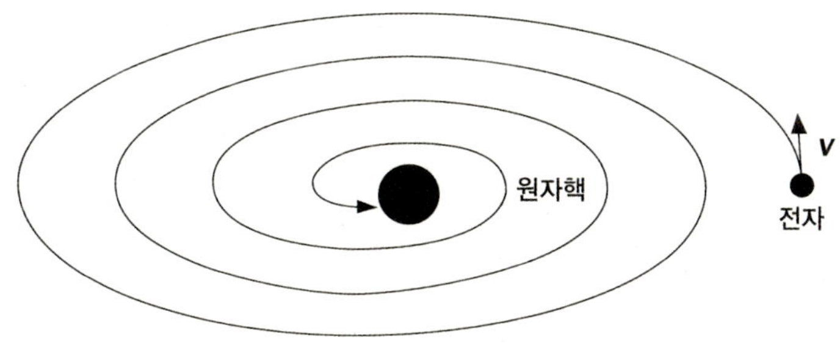

러더포드모형에서 전자의 운명

이와 같은 문제 상황에서 빠져나갈 수 있는 길은 무엇일까? 제일 먼저 우리는 러더포드 모형의 문제점이 그 모형 자체가 어떤 실험 결과와 상충한다거나 혹은 모형 자체 안에 어떤 모순적인 면이 포함되어 있다는 데 있지 않았다는 사실을 분명히 인식할 필요가 있다. 간단히 말하자면 그 문제점은 '고전 물리학의 관점에서 본' 문제점이었다. 우리는 고전 물리학이 "러더포드 씨, 당신이 그려낸 원자는 그것의 상태를 유지할 수 없어요! 무지무지 불안정하다구요!" 라고 말하고 있었지만 세상의 수많은 원자들이 이런 암울한 판정에도 불구하고 안정한 상태를 유지하고 있다는 사실을 의식할 수가 있다. 물론 우리는 원자를 직접 볼 길이 없고, 원자가 안정성을 유지하는지의 여부는 직접적인 경험의 대상이 될 수 없다. 그러나 우리는 간접적으로 그것을 확인할 수 있다. 원자가 안정성을 지니지 않고서야 분자가 도무지 안정할 수 없을 것이고, 분자가 안정하지 못하다는 것은 물질들이 그것의 성질을 유지하지 못한다는 것을 뜻한다. 그러나 우리가 지금 책을 읽고 있는 책상이나 의자 또 우리가 살고 있는 지구의 흙과 물은 그야말로 신기하다 할 만큼 안정된 특성을 보여주고 있다.

_보어의 수소원자 모형 : 새로운 이론의 시작

이 사태는 과학 이론에서 일어나는 변화 과정의 패턴 하나를 보여준다. 기존의 관점[=고전 물리학]에서 볼 때 새로 제안된 견해[=러더포드의 원자 모형]는 수용 불가능한 것으로 드러나고 있다. 기존의 전제들과 이 견해를 동시에 채택할 경우 명백한 오류[=원자는 불안정할 수밖에 없다는 것]가 도출되기 때문이다. (기존의 관점은 오랫동안 유효성을 인정받아 온 강력한 것이지만 다른 편의 이 새로운 견해 역시 대단히 매력적이어서 간단히 폐기될 대상으로는 보이지 않는다.) 이런 경우 우리는 어떤 길을 택할 수 있을까?

제3자의 관점에서 보자면 몇 가지 선택지가 등장한다. (1) 새로운 견해를 기각하고 기존의 관점과 부합하는 다른 해결안을 찾는 것, (2) 기존의 관점을 부정하는 것(혹은 수정하는 것), 그리고 (3) 수용 불가능해 보이는 결론을 수용하는 것 등이다. 그러나 이미 앞에서 이 세 번째 선택지는 기각되었다.[5] 러더포드 원자 모형이 지닌 문제점을 해결하는 과정에서는 (1)과 (2)가 모두 적용되었다.

러더포드의 원자 모형은 오늘날 우리 대부분이 원자에 대해 알거나 생각하고 있는 원자 구조의 기본형이다. 원자의 중심엔 원자의 질량 대부분과 양의 전기를 가진 핵이 있고, 거의 무시할 만한 질량과 크기를 지닌 전자가 음의 전기를 띤 채 핵 주위를 빠른 속도로 돌며 운동한다. 덴마크 출신의 젊은 물리학도였던 닐스 보어는 러더포드의 모형이 진실을 담고 있다는 사실을 직감했다. 그러나 방금 언급한 문제점은 도저히 그냥 지나쳐 버릴 수 있는 종류의 것이 아니었다. 여기서 보어는 중요한 한 걸음을 내디딘다. 이 한 걸음은 보어가 맨체스터의 러더포드 실험실에서 원자 연구의 첨단을 경험하고 코펜하겐으로 돌아온 직후인 1913년 발표한 그의 수소원자 모형 3부작 논문에 나타나 있다.

이 장의 핵심 주제이면서 오늘날의 물리학을 지탱하는 가장 중요한 기둥 가운데 하나인 양자역학이 언제 탄생했느냐는 물음이 제기된다면 몇 가지 대답이 가능하다. 흑체복사 현상을 설명하는 과정에서 (작용)양자(quantum of action)라는 새로운 개념이 플랑크(Max Planck)에 의해 도입된 1900년이나 막스 보른과 파스쿠알 조르단, 그리고 베르너 하이젠베르크가 발표한 논문에서 '양자역학'이라는 표현이 사용되기 시작하던 1924~25년, 또 하이젠베르크의 불확정성의 원리와 더불어 양자역학의 해석이라는 문제에서 핵심적 위치를 차지하는 보어의 상보성 개념이 발표된 1927년이 모두 후보가

5 기존의 전제로부터 문제의 결론을 도출하는 데 사용된 다른 (숨은) 조건들을 찾아내서 수정하는 것도 한 가지 길이지만 여기서는 논하지 않기로 한다.

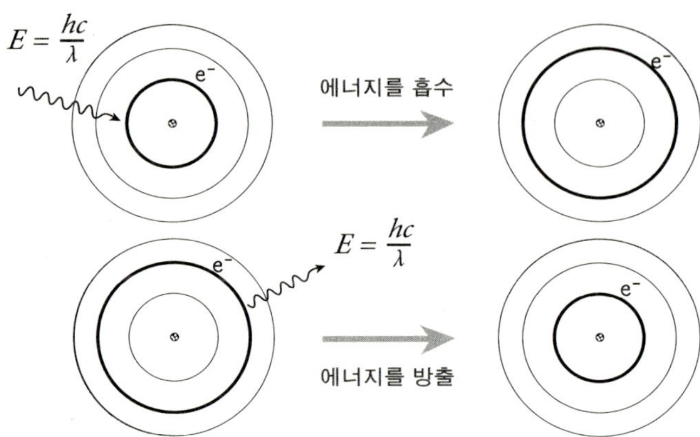

보어의 원자와 전자의 전이

될 만하다. 그러나 필자는 1913년 역시 이 물음에 대한 그럴 듯한 대답이라고 생각한다. 바로 보어의 수소원자 모형 때문이다.

보어의 수소원자 모형은 (수소)원자 안에 존재하는 전자에 대해 두 가지의 가정을 세우고 있었다. 하나는 원자에는 전자가 취할 수 있는 몇 단계의 에너지 상태가 존재한다는 것이고, 다른 하나는 그런 에너지 상태들 사이를 전자가 옮겨 다닐 때 출발한 상태와 도달한 상태 양쪽의 차이에 해당하는 만큼의 에너지가 전자기파 즉 빛의 형태로 흡수되거나 방출된다는 것이었다. 보어는 말하자면 원자 안에 전자들이 머무를 수 있는 에너지 계단 같은 것들이 있다고 가정하고 있었다. 제일 아래쪽 계단에 있는 전자도 일정한 크기의 에너지를 가지고 있다. 그 에너지 덕분에 양의 전기로 끌어당기는 핵의 유혹에도 불구하고 전자는 핵 주위를 계속 움직일 수 있는 것이다. 이 전자가 에너지를 공급받으면 위쪽 계단으로의 도약이 가능해진다. 위쪽 계단의 전자는 (빈 곳이 있다면) 아래쪽 계단으로 뛰어내릴 수 있다. 이 때 전자는 아무런 만큼의 에너지를 흡수하거나 방출할 수 있는 것이 아니다. 전자는 1층 아니면 2층, 아니면 3층 등에 해당하는 규정된 크기의 에너지만 가질 수 있을 뿐이므로 계단 위쪽으로 뛰거나 아래로 뛰어내리는 경우 모두 이 계단들의 높이 차이에 해당하는 특정한 크기의 에너지만이 들거나 날 수 있다.

이것이 보어의 핵심적인 아이디어였다. 물론 그런 에너지 계단 같은 것이 눈에 보일 리 없다. 눈으로 확인하는 일이야 어렵겠지만 어떻게든 측정이 되니까 그런 제안을 한 것이 아닐까? 그렇지 않다. 보어의 에너지 계단은 직접 측정되지도 않는다. 이것은 다시 한 번 현상으로부터 과학적 상상력을 통해 자연의 본성에 관한 가설로 날아오르는 과학자의 비상에 해당하는 예다. 모르긴 몰라도 보어의 머릿속에서 단번에 이런 아이디어가 완성되었으리라고는 생각되지 않는다. 그의 머릿속에서는 필경 수많은 가설들이 씌어졌다가 지워지고 다시 고쳐 씌어지고 지워지고를 반복했을 것이다.

과학의 역사에는 운 좋은 발견에 해당하는 사례들도 있다. 하지만 수많은 중요한 과학적 아이디어는 적절한 가설을 포착하기 위한 고밀도의 고심 그리고 치열한 고쳐쓰기의 산물이다. 그리고 '운 좋은 발견'이라 일컬어지는 경우라 해도 눈앞을 스쳐 가는 자연의 비밀 한조각을 움켜잡을 만반의 지적 준비가 되어 있지 않은 사람에겐 도무지 가능한 일이 아니다.

보어의 가정이 의미하는 바는 무엇인가? 그것은 우선 원자의 구조와 원자 내 전자의 상태에 관한 설명에 있어서 고전 물리학이 더 이상 그것이 이제까지 누려 온 효력을 지니지 않는다는 선언이었다. 러더포드 모형의 문제였던 원자의 불안정성에 대해 보어는 그 모형 자체를 폐기하는 편이 아니라 거기에 약간의 추가적인 세부 사항을 보완하면서 "원자 안의 전자가 원 운동을 하든 타원 운동을 하든 그것이 그 원자가 허용하는 에너지 계단 중 어느 하나에 해당하는 에너지를 갖고 운동하는 경우 전자기파 즉 에너지를 방출하지 않고 그것의 에너지 상태를 유지한다"고 말하고 있었다. 즉 그는 "전기를 띤 입자가 가속된 운동을 하면 (언제나!) 전자기파를 방출한다"는 고전 물리학의 법칙을 원자 안에 있는 전자에 대해서는 무기력한 것이라고 선언하고 있었던 것이다. 이것은 원자와 그보다 작은 세계(subatomic world)를 이해하기 위해서는 기존의 물리학과 다른 물리학 이론이 필요하다는 분명한 인식의 표현이었다. 필자는 이런 의미에서 보어의 1913년 논문을 양자역학 시대의 출범이라고 보아도 좋다고 말한 것이었다.

보어의 원자 모형은 에너지 계단과 원소들의 분광 스펙트럼을 이해할 수 있는 발판을 제공해 준다는 점에서 중요한 역량을 지니고 있었다. 이미 1870년대 말쯤에는 모든 과학자들에게 친숙해져 있었던 물질 분석의 기본 방법인 분광 스펙트럼의 정체가 이제야 규명된 것이다.

_스펙트럼과 원자 구조 그리고 양자

서로 다른 원소의 가스를 채운 방전관은 저마다 다른 색으로 빛난다. 모든 원소는 스펙트럼에 제각기 고유한 띠들의 배열을 나타내기 때문에 스펙트럼 분석은 아주 적은 양의 시료만 있어도 대상의 정체를 정확히 밝혀준다. 이것은 대단히 유용한 사실이었고, 1870년대 말부터 1880년대 초에 걸친 키르히호프와 분젠의 활약에 힘입어 스펙트럼 분석은 수많은 과학자들의 실험실에서 일상적인 도구가 되었다. 그러나 이런 현상의 근거, 즉 어떻게 해서 각 원소가 스펙트럼에 나타나는 띠들의 파장과 강도 등에서 고유한 패턴을 나타내는가 하는 물음은 20세기에 들어서서도 여전히 규명되지 않고 있었다. 스펙트럼 분석이 원자의 구조에 대한 탐구와 연결된 것이 20세기 초였고, 톰슨과 러더포드가 이끄는 그룹들이 선스펙트럼으로 가시화되는 원자의 복사를 원자의 구조와 결부시켜 설명해 보려고 애쓰고 있었다.

원자에서 나오는 복사파의 성질이 원자의 내부 구조 특히 전자의 운동과 결부되어 있다는 심증은 보어의 연구가 시작될 즈음 벌써 짙어져 있었다. 보어도 논문 속에서 언급하고 있는 니콜슨(J.W. Nicholson)의 연구(1911~1912)는 스펙트럼에 나타나는 선들의 고유한 진동수를 원자 안에서 궤도 운동중인 전자의 진동과 결부시켰고, 이것이 당시 이 문제에 관심을 가진 물리학자들 대부분의 견해이기도 했다. 또 이것은 어쩌면 고전 전자기학의 토대 위에서 제공 가능한 단 하나의 해석이기도 했다. 그러나 불행히도 그것은 틀린 해석이었다. 보어는 여기서 과감하게 고전 물리학의 한계선을 분명히 그어 표시하면서 새로운 이론의 장을 열고 있었다.

_보어 모형의 뒷이야기

가장 단순한 원자인 수소원자의 구조에 관한 보어의 아이디어는 성공적이었고, 그의 논문은 플랑크의 양자가설을 수용하여 구축된 새 원자 이론의 시발점이 되었다. 물론 그 뒤의 역사가 말해 주듯 보어의 모형은 더 복잡한 구조를 지닌 원자에는 잘 들어맞지 않았다. 그도 그럴 수밖에 없는 것이 보어는 단 한 가지 나중에 '주(主)양자수'라는 이름을 얻은 양자수(quantum number)만을 고려했을 뿐이고, 전자들간의 전기적 상호작용

역시 고려하지 못했기 때문이다. 이런 까닭에 사람들은 원래 제목이 '원자와 분자의 구조에 관하여'인 이 논문을 다만 '수소원자모형에 관한 논문'으로 기억하고 있는지도 모르겠다. 그러나 과학의 진보는 이처럼 대담하고 치밀하면서도 한편으론 불완전한 기여의 조각들이 모여 이루어지는 법이다. 어쨌든 보어의 1913년 연구는 원자의 미세한 구조가 규명되는 과정에 놓인 하나의 커다란 징검돌이었고, 보어는 그 후에도 코펜하겐에서 여러 물리학자들을 이끌고 또 더 많은 물리학자들과 교류하면서 양자역학의 발달을 주도해 갔다.

물질의 성질은 어디서 오나? : 화학과 물리학의 관계

10

물리적 변화 vs. 화학적 변화?

원자 이야기와 분자 이야기의 관계

루이스의 옥텟 규칙과 '8 만들기' 게임

물리학이 분자 수준의 현상을 남김없이 설명해 줄까?
: 양자화학 이야기

전문 분야의 정체는 공식에 담겨 있지 않다

우리는 보통 화학을 물리학과 함께 묶어 '물리과학(physical science)'이라 부른다. 둘을 이렇게 하나로 묶어서 이름붙일 만한 이유라도 있는 것일까? 더구나 화학이라는 명칭은 숨어 버리고 물리학만 앞에 나선 이름이니 말이다. 많은 과학자들, 특히 물리학자들은 화학의 원리들이 물리학의 기본 원리들로부터 도출 가능하다고 믿었다. 양자역학의 초기 형태가 완성 단계에 도달하고 있던 1920년대 말 물리학자 디락(Paul A. M. Dirac)은 "이제 물리학과 화학의 거의 모든 분야에 필요한 법칙들이 완전히 확립되었다. 남은 일은 복잡한 방정식을 푸는 작업뿐!"이라고 장담하기도 했다. 이런 호언장담은 양자역학이라는 토대를 염두에 두고서 한 말이었다. 그리고 디락의 그런 믿음은 비록 과장된 것이긴 했지만 허황되다기보다는 상당한 설득력을 지닌 견해였다.

앞 장에서 논의되었던 보어의 수소 원자 모형 이야기는 고등학교 과학 교과서에서 『화학 2』에 소개되어 있다.[1] 그렇다면 원자 모형은 물리학이 아니라 화학의 내용인가? 그렇게 볼 수도 있는 측면이 있기는 하다. 그러나 그것은 적절한 분류가 아니다. 원자의 구조는 분명 20세기 초 물리학의 관심사였고, 보어가 그의 수소 원자 모형을 통한 공헌을 인정받아서 받은 노벨상도 화학상이 아니라 물리학상이었다. 그렇다면 왜 물리학의 주제였던 원자 구조 이야기가 화학 교과서에 등장하는 것일까? 이 문제를 통해서 우리는 물리학과 화학의 관계의 일면을 들여다볼 수 있다.

원자의 구조를 해명하는 작업은 물리학의 과제라고 보는 편이 옳다. 더구나 그것이 어떤 특정 원소의 원자 구조를 규명하는 것이 아니라 원자들의 일반적인 구조에 대한 해명이라면 이는 더욱 분명하다. 실제로 보어의 1913년 논문은 '수소 원자'의 모형에 관한 것이었지만 그 논문에서 제안된 '원자 내 전자의 에너지 준위'나 '전자들이 에너지 준위 사이를 옮겨 다니는 전이(transition)와 원자의 선스펙트럼 간의 관계'에 관한 아이디어는 원칙적으로 모든 종류의 원자에 해당되는 것이었다.

한편 화학의 관심사는 물질들 각각의 고유한 성질이고 그것들의 변화다. 그리고 '물질의 성질'이 나타나는 대상의 수준은 '분자(molecule)'다. 물은 (1기압하에서라면) 섭씨 100도에서 끓기 시작하고 0도에서는 얼기 시작한다. 0도와 100도 사이에서 그것은 투명하고 흐르는 성질을 지닌다. 또 그것을 마시면 갈증이 해소되기도 한다. 이런 것들은 모두 H_2O라는 분자가 지닌 성질들이다. 한편 물 분자를 구성하는 수소 원자(H)나 산소 원자(O) 중 어느 것에서도 이런 성질들은 나타나지 않는다. 수소 원자를 아무리 열심히 연구해도 또 산소 원자를 아무리 열심히 연

---

1 1990년대 초에는(6차 교육과정) '원자모형'이 『화학 II』가 아닌 『물리 II』에서 다루어지기도 했다.

구해도 물의 성질은 보이지 않는다. (이것은 사실 논란의 여지없이 분명한 사실은 아니다. 하지만 이에 관한 토론은 이 책의 수준과 범위를 넘어선다.) 수소 기체의 분자나 산소 기체의 분자 역시 물 분자의 성질을 지니고 있지 않다. 분자가 다르면 화학적인 관점에서 '다른 것들'이다.

_물리적 변화 vs. 화학적 변화?

학교에서 우리는 물리적 변화와 화학적 변화를 구별하는 법을 이렇게 배운 적이 있다: "상태만 변했을 경우에는 물리적 변화인 데 비해 물질의 성질이 변했다면 화학적 변화!" 하지만 이런 규정은 '상태'와 '성질'이라는 말이 각각 정확히 무엇을 의미하는지 분명히 고정되지 않은 상황에서는 사실상 도움이 되지 않는다. 표현상 '상태만'이라는 말이 뭔가 '성질이' 변한 경우에 비해 작거나 피상적인 변화를 의미한다는 느낌이 들지만 여전히 막막하다.

예를 들어 물이 꽁꽁 얼어 얼음이 되었다고 하자. 이것은 물리적 변화인가 아니면 화학적 변화인가? 이 물음에 "물론 물리적 변화죠. 상태만 변한 것이잖아요!"라고 대답하는 사람은 이미 답을 알고 있기 때문에 그렇게 말할 수 있는 것이 아닐까? 누군가 "아까는 물이었고, 투명한 것이 흐르기도 하고 담는 그릇에 따라 모양이 달라지는 성질을 지녔었는데 얼음이 되고 나니 일부분이 뿌옇게 흐려진데다가[2] 딱딱해져서 더 이상 흐르지도 않고 모양도 변하지 않는 새로운 '성질'을 띠게 되었다"고 말한다면 우리는 "당신은 성질이라는 말을 이상한 방식으로 사용하고

2 물론 이것은 필연적인 현상이 아니다. 하지만 일상 속에서 만나는 얼음은 대개 그렇지 않은가?

있군요. 물이 얼어봤자 성질은 그대로랍니다. 상태만 변한 거라구요!"라고 핀잔을 줄 텐가? 또 그렇게 말하면 상대방이 당신의 이야기를 금방 수용할 것이라고 생각하는가? 쉽지만은 않을 것이다. 화학적인 수준과 물리적인 수준을 가르는 분명한 기준이 필요해 보인다.

위에서 우리는 물질의 성질이 '분자'의 수준에 놓여 있다는 사실을 알았다. 그렇다면 성질이 변하는 것의 기준을 '분자가 달라졌는지'로 잡아볼 수 있지 않을까? 물이 한참 동안 팔팔 끓더니 한방울도 남지 않고 전부 수증기로 변했다. 겉보기에는 심각한 변화다. 더 이상 주전자에 담아 컵에 따를 수도 없고, 부피도 엄청나게 늘어났다. 하지만 분자 수준에서 고찰하면 끓기 전과 마찬가지로 여전히 H_2O다. 산소 원자 하나에 수소 원자 둘이 결합해서 이루어진 분자! 물이 꽁꽁 얼어 얼음이 되어도 분자는 H_2O다. 만일 분자를 물질의 정체를 판단하는 기준으로 삼는다면, 물이 얼거나 끓어 기체가 되는 것처럼 꽤 심각한 외관상의 변화에 대해서도 '동일한 물질이지만 다른 상태'라고 평가할 수 있다.

반면 철이 녹슨 경우 외관상으로는 그저 빛깔이 조금 변했을 뿐 변화 이전과 유사한 모습을 띠고 있지만 분자 수준을 고찰했을 때 Fe로부터 FeO 또는 Fe_2O_3 같은 분자로 변했으므로 "화학적인 변화가 일어나서 다른 분자 즉 다른 물질이 되었다"고 판단하게 된다. 다른 물질이 되면 어떤 온도에서 녹거나 끓는지, 특정한 용액에 어떻게 반응하는지, 맛이나 색깔은 어떤지, 인체에 유해한지 무해한지 등 수많은 성질에 변화가 온다.

_원자 이야기와 분자 이야기의 관계

이처럼 원자가 물리학의 중요한 탐구 대상이었던 반면 화학의 관심은 분자 수준에 놓여 있다. 분자는 원자들로 이루어진다. 산소 분자는 두 개의 산소 원자로, 이산화탄소는 두 개의 산소 원자와 한 개의 탄소 원자로 구성된다. 원자가 물리학의 대상이고 분자가 화학의 대상이라면 두 학문 분야는 뭔가 밀접한 관계 속에 있는 것이 분명하다. 하지만 왜 보어의 수소 원자 모형 이야기는 물리학 교과서가 아니라 화학 교과서에 소개되었을까? 우리는 아직 이 이유를 해명하지 못했다.

그 이유는 화학자가 알고 싶어하는 가장 핵심적인 사항 즉 분자의 구조와 각 분자가 지닌 특성을 그것들을 구성하는 원자들의 속성으로부터 추론할 수 있기 때문이다. 분자는 원자로 이루어져 있고, 분자의 구조와 성질은 그 분자를 구성하는 원자들에 의해 결정된다. 이것은 간단하지만 대단히 중요한 관계다. 전체의 성질을 그 전체를 구성하는 부분들의 성질로부터 추론할 수 있다는 얘기이기 때문이다. 이것은 당연한 말인가? 그렇지는 않다. 이는 한 가지만 생각해 보더라도 분명해질 것이다. 우리의 몸은 우주 만물이 다 그렇듯 원자들로 구성되어 있다. 제일 가벼운 수소 원자를 6×10^{23}개 모으면 1g쯤 되고 산소 원자의 무게는 수소의 16배쯤 되니까 몸무게가 60kg쯤 되는 사람의 몸을 구성하는 원자들의 수를 어림으로 계산해 본다면 대략 10^{27}개에서 10^{28}개쯤 될 텐데, 만일 누군가 이 원자들의 속성을 모두 파악하는 데 성공한다면 그와 동시에 그 사람의 건강이나 신체적 상태에 대해서도—예를 들어 깊은 수면 상태에 있는지 아니면 심한 스트레스로 신경이 곤두서 있는 상태인지 등—알게 되는 것일까? 그것은 적어도 당연한 것과는 거리가 멀다.[3]

하지만 분자와 그것을 구성하는 원자의 경우, 전자와 후자 양쪽에 관한 지식 사이에는 밀접한 상관관계가 성립한다. 한 가지 예를 들어보자. 탄소와 산소가 만나서 만들 수 있는 분자 중에는 이산화탄소(CO_2)와 일산화탄소(CO)가 있다. 삼산화탄소(CO_3)는 없나? 삼산화탄소라는 분자는 존재하지 않는다! 왜일까? 화학 결합은 두 종류의 원소가 각각 원자 한 개씩 즉 1 : 1로 결합하거나 1 : 2로 결합하는 것만 가능하고 1 : 3 같은 방식으로는 이루어질 수 없기 때문일까? 천만에! 암모니아 분자는 질소 원자 하나에 수소 원자 세 개가 결합해 구성되고, 산화제이철의 경우 철과 산소가 2 : 3으로 결합한다. 그렇다면 왜 CO_3라는 분자는 만들어지지 않는 것일까? 앞에서 말한 것처럼 이 물음에 답하기 위해서는 원자에 대한 지식이 필요하다. 더 좁혀서 말하자면 각 원자가 몇 개의 전자를 거느렸는지를 아는 데서부터 출발하여 분자의 구성에 대해 상당한 정보를 추론하는 것이 가능하다. 이제 이산화탄소의 경우를 예로 들어 살펴볼 텐데, 그렇게 하려면 먼저 원자로 분자를 만드는 일에 관한 약간의 지식이 필요하다.

_루이스의 옥텟 규칙과 '8 만들기' 게임

길버트 루이스(G. N. Lewis)는 '공유 결합(covalent bond)'이라는 개념으로 유명한 미국의 물리학자 · 화학자이다. 그가 자기 이론을 그렇게 명명하지는 않았다지만, 그의 이름과 결부되어 알려진 흥미롭고도 유

3 앞 문단에서 "분자는 원자로 이루어져 있고, 분자의 성질은 원자의 성질에 의해 결정된다"고 말했는데, 이는 "모든 분자가 원자로 이루어져 있기 때문에" 그렇다는 것인가? 아니면 분자가 원자로 구성되었다는 사실과 분자의 성질을 원자의 성질에서 추론할 수 있다는 생각은 서로 별개인가? 여기엔 사실 복잡하고 어려운 전문적 논쟁이 걸려 있다.

용한 이론이 이른바 '옥텟 규칙(octet rule)'이다. '옥텟'은 8을 가리키는 말이고, 이 규칙을 간단히 표현하면 "원자들은 그것의 최외각 전자가 8개가 될 때 안정한 상태를 이루며, 화학 결합은 이런 조건을 충족시키는 방향으로 이루어진다"는 것이다. 여기서 '최외각 전자'란 앞의 보어 모형에서 '가장 위쪽 에너지 계단에 위치한 전자'에 해당한다.

옥텟 규칙을 토대로 상황을 판단하려면 먼저 원자가 가진 최외각 전자의 개수를 알아야 한다. 초보 단계의 문제 수준에서는 그리 어려운 일도 아니다. 우선 원자가 가진 총 전자의 개수를 알아야 한다. 예를 들어 탄소의 경우 그 수는 6이고, 산소는 8이다. 이 수를 어떻게 아는지 궁금한 사람은 우선 화학에서 널리 통하는 여덟 글자짜리 주문 '수헬리베붕탄질산'을 머리에 담으라! 여덟 글자 주문 정도는 알고 있어야 한다. 아마 화학 공부를 열심히 했던 독자는 "최소한 20번까지는 알아야지!"라고 말씀하시는 화학 선생님 덕분에 좀더 긴 주문을 외운 일이 있을 것이다. "수·헬·리·베·붕·탄·질·산·플·네·나·마·알·규·인·황·염·아·칼(K)·칼(Ca)……."

이 주문은 도대체 무슨 주문인가? 이 여덟 글자는 1번 원소부터 8번 원소까지를 나타낸다. 수소(H)·헬륨(He)·리튬(Li)·베릴륨(Be)·붕소(B)·탄소(C)·질소(N)·산소(O)! 이 주문을 알고 있다면 앞으로 누군가가 "질소 원자에는 전자가 몇 개야?"라고 물었을 때 잠시 속으로 주문을 외운 뒤 "일곱 개!"라고 자신 있게 대답할 수 있다. 만일 20번 원소인 칼슘까지 알고 있다면 우리 생활 주변에서 일어나는 대부분의 화학적 현상에 대해서 말할 수 있을 만한 기본 준비가 된 셈이다. 알루미늄의 전자 수는? 열셋! 이렇게.

전자의 수를 알았다면 이제 에너지 계단을 생각해야 한다. 두 가지 정보가 더 필요하다. 먼저, 전자들은 특별한 이유가 없다면 맨 아래쪽 에너지 계단부터 차곡차곡 채우는 방식으로 배치된다. 이유는 아래쪽 계단의 에너지가 작기 때문이고 다시 말해 그런 상태에서 전자가 더 안정적으로 원자핵에 붙잡혀 있기 때문이다. 자연은 다른 조건이 같다면 최대한 안정된 상태를 선호한다. 그러면 전자가 몇 개든 모두 에너지 계단의 1층에 있으면 될 일이 아닌가? 그렇지 않다. 두 번째 정보: 에너지 계단에는 일종의 최대 정원(定員) 같은 것이 있다. 예컨대 제일 아래쪽 계단 즉 1층에는 원자의 종류를 막론하고 단 두 개의 전자밖에 들어가지 못한다. 만일 전자가 셋인 원자라면? 1층에 두 개가 들어가고, 남은 전자 한 개는 2층 높이의 에너지 수준에서 운동하게 된다. 2층의 규격은? 2층에는 전자가 최대 8개까지 배치될 수 있다. 역시 어떤 종류의 원자에서든 마찬가지다. 3층의 규격은 전자 18개다. 3층부터 이미 얘기는 더 복잡해지고 4층 이상에까지 걸친 전자들의 배치 구조를 이해하려면 추가로 상당한 지식이 필요하지만 여기서는 1층과 2층 수준에 이야기를 국한해 보자.

우리가 살펴보려는 탄소 원자의 경우 수 · 헬 · 리 · 베 · 붕 · 탄! 탄소는 6번! 전자가 여섯 개니까 1층에 두 개 그리고 2층에 네 개의 전자가 배치되어 있다. (물론 전자는 한순간도 쉬고 있지 않다. 1층 또는 2층 높이에 해당하는 에너지를 가지고 쉼없이 운동하고 있다.) 그리고 루이스의 게임에서는 바로 2층의 전자 수 '4'가 문제가 된다. 그것이 이른바 '최외각 전자의 수'이기 때문이다. 산소의 경우 이 수는 8 - 2 = 6 이다. 이제 거의 준비가 다 되었다. 이산화탄소라는 분자가 루이스 규칙의 관점에서 어떻게 성립하는지 따져보자.

이 게임의 기본 요령은 사각형의 둘레를 따라 변마다 전자를 배치할 수 있다는 것이다.[4] 단, 전자는 가능한 한 쌍으로 배치한

4 꼭 정사각형이거나 직사각형 모양이어야 하는 것은 아니다. 다만 여기서 우리의 편의를 위해 그렇게 해두기로 한다.

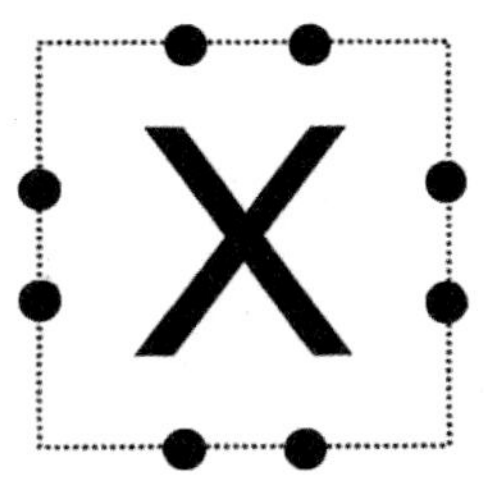

다. 실제로 원자 안의 전자들은 쌍을 이루어 배치되려는 경향을 갖고 있다. 만일 네 변에 각각 한 쌍씩의 전자가 배치되었다면, 그런 원자는 옥텟 규칙을 만족시킴으로써 안정한 상태에 도달한 셈이다. 앞의 정보를 활용해서 생각해 보자면, 10개의 전자를 가진 원자 즉 원자 번호가 10인 원소의 원자는 스스로 이미 그런 상태에 도달해 있으리라고 추측된다. 1층에 두 개 그리고 2층에 매직 넘버 8!

이제 이산화탄소 분자를 만들어 보자. 탄소 원자 한 개에 산소 원자 두 개. 루이스 게임에 동원 가능한 전자의 개수는 4 + 6 + 6 = 16, 전부 열여섯 개다. 그런데 루이스의 옥텟 규칙은 원자마다 여덟 개씩의 (최외각) 전자를 배치하라고 명령한다. 어떻게 그런 일이 가능할까? 열쇠는 '공유'에 있다! 탄소 원자가 내놓은 한 쌍의 전자와 산소 원자가 내놓은 한 쌍의 전자를 탄소 원자와 산소 원자가 공유한다고 해보자. 그러면 두 원자는 공유되지 않은 전자까지 포함해서 저마다 여덟 개의 전자를 거느린 것과 같은 효과를 누릴 수 있다.

이제 이산화탄소의 루이스 전자식을 구성해 보자. 목표는 총 16개의 전자를 가지고 탄소 하나와 산소 두 개에 각각 여덟 개씩의 전자를 할당하는 것이고 핵심 요령은 전자(쌍)의 공유를 활용하는 것이다. 약간의 고민을 거쳐서 다음과 같은 배치에 도달했다면 루이스의 옥텟 게임을 성공적으로 완수한 셈이다.

만일 이쯤에서 물 분자 즉 H_2O의 루이스 전자식을 그려 보고 싶은 마음이 들었다면 자연스러운 일이다. 그러나 이 문제를 풀려면 '전자 여덟 개'가 아니라도 만족하는 원소가 있다는 사실을 알아둬야 할 것이다. 루이스의 '여덟'은 무조건적인 신비의 수가 아니다. 그것은 전자들의 배치에서 어딘가를 꽉 채움으로써 배치 구조를 완성시키는 수라는 의미를 갖는다. 수소 원자에는 전자가 달랑 하나뿐이므로 전자 두 개까지 들어갈 수 있는 1층이 아직 다 차지 않았다. 따라서 수소 원자의 경우, 전자 단 두 개만으로도 '꽉 찬 배치'에 도달한다. 이런 점을 고려하면 H_2O 분자는 다음과 같은 식으로 성립되리라는 결론에 도달한다.

$$\mathrm{H:\overset{\cdot\cdot}{\underset{\cdot\cdot}{O}}:H}$$

이미 화학을 많이 배운 사람이라면 필경 H_2O의 전자식을 위와 같이 나타내는 데 불만을 품을 것이다. 그렇다, 저렇게 그려서는 CO_2와 H_2O 두 종류의 분자가 서로 다른 모양 즉 하나는 일직선형의 구조(CO_2)인 데 비해 다른 하나는 일직선이 아니라 꺾인 형태의 분자(H_2O)라는 사실이 드러나지 않는다. 하지만 그런 사실을 고려한 더 세련된 분자 구조로 나아가려면 옥텟 규칙의 수준보다 한걸음 더 나아간, 본격적인 양자역학적 관점의 도입이 필요하다. 원자에 속한 전자들의 확률적 분포를 나타내는 오비탈(orbital)의 개념에까지 도달해야만 물 분자의 실제 형태에 대한 더 정확한 설명이 가능해진다.

오늘날 지구상엔 3,000만 종에 가까운 물질이 존재한다고 추산된다. 물질의 종류가 3,000만 가지라는 것은 3,000만 종류의 분자가 존재한다는 사실을 뜻한다. 하지만 분자의 재료인 원자의 종류는 자연에 존재하는 92종과 과학자가 실험실에서 인공적으로 만들어 낸 이른바 '인공종' 원소들까지 포함해도 110여 개에 불과하다.[5] 다 해야 100종류 안팎의 원자를 가지고서 3,000만 종류의 물질을 만들어낸다니! 그리고 여기서 주목해 볼 더 중요한 사항은 3,000만 종에 이르는 물질의 성질을 해명하거나 심지어 예측하는 일이 기껏해야 100종류 남짓한 원자들에 대한 지식을 토대로 가능하리라는 생각이다. 만일 그런 일이 가능하다면 대단히 경제적인 일이 아닐까? 열쇠 하나로 온 건물의 문을 다 열 수 있는 마스터키를 가진 것과 비슷한 느낌이 들는지도 모르겠다.

보어의 1913년 수소 원자 모형은 그 원래 의도에 걸맞게 수소 원자에 대해서는 거의 완벽한 설명과 예측의 기반을 제공했다. 그러나 바로 다음 원소인 헬륨 원자의 스펙트럼만 해도 보어의 모형이 충분히 만족스럽지 못하다는 사실을 말해 주었고, 원자가 커지면서 전자들의 수가 늘어날수록 불만족스런 간극은 더 벌어졌다. 원자들의 선스펙트럼은 보어의 원자 모형이 예측하는 것보다 더 복잡했다. 하지만 그렇다고 해서 보어가 원자의 구조에 대해 제안했던 바가 무효로 돌아간 것은 아니었다. 오히려 이후 가속된 양자역학의 구축 작업은 보어 모형의 약점을 보완하고 그것을 세련화하는 방향으로 이루어졌다. 이번에도 과학은 부분적으로 타당하면서도 약점과 한계를 지닌 이론을 토대로 중요한 발전을 이룩하는 모습을 보여주었다.

전자가 두 개만 되어도 보어가 고려했던 원자핵과 전자의 관계에 덧붙여 전자들간의 상호작용이 문제가 된다. 그리고 원자

5 2007년 2월을 기준으로 볼 때 원소 주기율표에는 원자번호 118번까지 자리가 차 있다. 그러나 110번대의 원소들의 성질에 대해서는 아직 아주 미미한 수준의 지식이 축적되어 있을 뿐이다.

안에 존재하는 전자들의 에너지 계단은 보어가 1913년에 상정했던 것보다 더 복잡한 구조를 갖고 있다. 비유로 말하자면, 1913년 보어의 에너지 계단은 1층, 2층, 3층 등으로만 되어 있었지만 이후 그 계단의 구조는 훨씬 더 세분화되어 있다는 사실이 밝혀진 셈이었다.[6] 계단의 구조가 복잡하면—하지만 그 구조는 여전히 원소마다 고유하다!—전이 즉 계단 사이에서 일어나는 뛰기의 종류도 더 많아지고 그렇다면 스펙트럼의 패턴이 더 복잡해지리라는 사실은 분명해진다.

_물리학이 분자 수준의 현상을 남김없이 설명해 줄까?
: 양자화학 이야기

실제로 20세기 양자역학의 발달과 더불어 분자 수준의 화학적 현상을 양자역학의 기반 위에서 설명하고 예측하는 분야—대표적으로 양자화학(quantum chemistry)—가 발달했고, 고성능 컴퓨터가 개발되면서 양자역학적 계산과 결부된 실질적인 어려움 역시 크게 경감되었다. 명칭에서부터 양자역학과 화학이라는 두 영역의 결합을 함축하고 있는 양자화학은 오늘날 화학의 이론적 중심을 차지하고 있다고 해도 그리 빗나간 말이 아니다.

실제로 원소들의 화학적 특성은 대부분 해당 원자의 구조 즉 전자들의 배치에 관한 지식으로부터 추론 가능하다. 화학적 지식의 기본 뼈대를 이루고 있는 원소 주기율표

6 이것은 전자의 상태를 결정하는 양자수(quantum number)가 [보어가 도입한] 주양자수(principal quantum number) 이외에도 각양자수[(azimuthal (또는 angular) quantum number)], 자기양자수(magnetic quantum number), 그리고 스핀양자수(spin quantum number)를 포함하는 복잡한 구조를 갖기 때문이다. 말하자면 2층에도 서로 높이가 다른 몇 개의 2층(2a층, 2b층, 2c층 식으로)이 있다는 얘기다.

는 원자가 거느린 전자의 수와 원자의 질량이라는 두 가지 '물리적' 요소를 구성 원리로 하고 있다. 화학 결합을 결정짓는 전자 친화도가 각 원소마다 어떠한가 하는 것 역시 원자 내 전자의 배치로부터 설명되며, 주어진 반응이 발열 반응인지 아니면 흡열 반응이 될 것인지 역시 반응에 연루된 항들 그리고 그것들을 구성하는 원자들의 물리적 특성에 의해서 결정된다.

원자나 분자를 구성하는 전자들의 상태를 설명하고 예측하기 위한 양자화학적 작업에서 핵심이 되는 사항은 주어진 물리계에 대한 슈뢰딩어 방정식(Schrödinger equation)[7]을 푸는 일이다. 양자화학에서 '순(純)이론적 방법(ab initio method)'이라고 불리는 이 방법은 ① 슈뢰딩어 방정식을 세우고 ② 방정식을 풀어 해를 구한 뒤 ③ 그것을 화학적인 문제 상황에 적용하는 방식으로 전진한다. ab initio는 '처음부터'라는 뜻의 라틴어 표현으로, 여기서는 '처음부터 양자역학 이론만 가지고서'라는 의미로 새길 수 있다.[8]

그런데 문제는 슈뢰딩어 방정식이 문자 그대로 정확한 해(解)를 갖는 경우가 드물고 사실상 기껏해야 수소 원자의 경우뿐이라는 점이다. 일반적으로 말하자면 수소 원자 바로 다음으로 단순한 원자인 헬륨 원자나 수소 분자(H_2)의 경우를 포함하여 화학자들이 관심을 갖는 사실상 모든 경우에 슈뢰딩어 방정식은 수학적으로 깔끔하게 풀리지 않는다. 원자핵과 전자들을 포함해서 셋 이상의 요소가 연루되어 있는 경우, 우리는 설령 문제의 상황에 연루된 힘을 함수로 정확히 표현할 수 있다고 해도 미분 방정식을 풀어 해를

7 슈뢰딩어 방정식은 양자역학을 구성하는 필수적인 요소로, 문제의 상황에 주어진 에너지 조건에 관한 정보를 토대로 그 계의 물리적인 행태를 계산하게 해준다.

8 이것은 물리학 이론인 양자역학을 토대로 순수하게 물리학적, 수학적 접근 방식만을 사용한다는 의미에서 순이론적 방법인 셈이다. 이 표현에서 힌트를 얻는다면, 우리는 화학이 그것의 이론적 기반에 물리학이 있음을 인정하고 있다는 사실을 간파할 수 있다.

구하는 방식으로 각 요소의 운동을 구할 수가 없다. 문제는 또 이런 원리적 성질의 것만도 아니다. 예를 들어 전자가 하나뿐인 수소 원자의 경우라 해도 외부 자기장이 영향을 미치는 경우라면 정확한 해를 구할 수 없게 된다. 그렇다면 사실상 풀 수 있는 문제는 거의 없다는 말인가?

과학자들은 이런 상황에서 근사(近似)를 사용한다.[9] 그리고 관심의 초점을 "어떻게 하면 충분히 만족스런 근사가 가능한가"에 맞춘다. 이제 화학자들의 실질적인 관심사는 문제 상황에서 만족스러울 만큼 근사한 해를 구하는 일, 또는 제시된 해가 얼마나 근사한 해인지 평가하는 일이다. 실지로 양자화학에서 논의되는 많은 주제들이 바로 이런 방법과 그에 대한 평가 그리고 보정(補正)과 관련되어 있다.

근사란 무엇인가? 그것은 '상당히(近) 비슷한(似) 것'을 뜻한다. 그리고 '비슷한 것'은 결코 '바로 그것'이 아니다. 그럼에도 불구하고, 분야와 문제 상황에 따라 그리고 개인적 성향에 따라 차이가 있긴 하지만 화학자들을 포함한 대부분의 과학자들은 '충분히 만족스런 근사'와 '수학적으로 엄밀한 해'를 차별하지 않는 모습을 보인다.[10]

한편 어떤 이는 양자역학을 화학적인 문제 상황에 적용하여 수학적인 답을 얻는 데 성공했다 하더라도 그런 적용이 대상의 화학적 구조를 규명했다고는 말할 수 없다는 점을 지적한다.[11] 이와 비슷한 견해는 여러 차례 표현된 바 있다. 예를 들어 '화학적 조성(chemical composition)'이라는 기본적인 개념이 물리학적 개념으로 번역되지 못한다는 주장, 그리고 몇몇 분자에 대해 양자역학적 토대 위에서 계산된 결

9 예컨대 원주율 π의 값을 3.14라고 해도 별 탈이 없는 경우 우리는 3.14를 π의 (근사)값으로 사용한다. 한편 인공위성의 속도와 위치를 정확하게 계산하려면 3.14로는 안 되고 3.14159265 정도의 더 정밀한 근사값이 필요할는지도 모르겠다.

10 그래도 괜찮은 것일까? 이런 얘기는 평소에 생각했던 과학의 모습과 일치하는가?

11 Woolley (1978).

과가 실제 실험의 측정값과 멋진 일치를 보이기는 하지만 그런 계산 속 어느 곳에서도 화학 결합(chemical bond)이라는 개념은 찾아볼 수 없다는 주장[12] 등이 이에 해당한다.

_전문 분야의 정체는 공식에 담겨 있지 않다

한 학문 영역의 정체성은 수식으로 표현되는 공식이나 그 분야의 중요한 법칙이 담긴 문장들에 고스란히 놓여 있다고 보기 어렵다. 만일 한 분야의 정체성이 그렇게 결정된다면 수식과 법칙이 빠짐없이 적힌 이론서 한 권만 달달 외우면 전문가로 변신할 수 있겠지만 그것은 현실과 다르다. 화학자는 화학자의 눈으로 사물을 본다. 생물학자는 생물학자의 눈으로 현상을 음미한다. 물리학자와 화학자가 동시에 같은 실험 장치를 들여다보고 있다고 해도 두 사람의 관심은 동일하지 않다. 그 물리학자가 화학의 공식들에 능통한 사람이고 거꾸로 화학자는 물리학 법칙들에 관해 물리학자 못지않은 지식을 갖고 있는 사람이라고 해도 두 사람은 다른 방식으로 현상을 읽고 다른 방식으로 그것에 대해 말할 것이다.

예를 들어 화학의 일부 분야에서 활동하는 화학자들의 중요한 관심은 이제까지 만들어지지 않았던, 새로운 성질을 띠는 새로운 물질을 만들어 내는 데 있다. 그러나 전형적인 화학자는 무작정 새로운 성질이 아니라 어떤 특정한 화학적 성질을 띠는, 그러나 이제껏 합성되지 못했던 물질의 합성을 목표로 삼는다. 또 이런 신물질은 화학공학이나 약학에 곧바로 응용되어 신제품의 개발

12 Primas(1983). 프리마스는 이 경우를 "도대체 결합이 뭔지 알지도 못하는 채 결합에너지를 계산하고 있는 셈"이라고 표현한다.

로 이어지기도 하는데, 화학자들의 관심에는 이와 같은 절차가 이미 처음부터 포함되어 있는 경우가 많다.[13]

이것은 화학자들이 이재(理財)에 밝다는 것을 뜻하지 않는다. 그것은 똑같이 원자와 분자를 탐구의 대상으로 삼더라도 물리학자와 화학자의 관점(perspective)이 다르다는 것을 의미한다. 상이한 관심과 관점은 과학자로 하여금 동일한 사태를 놓고도 다른 측면에 주목하게 만든다. 더 중요한 것과 덜 중요한 것, 그래서 '먼저' 고려되거나 '반드시' 고려되어야 할 것과 고려 사항에서 빠지더라도 아쉽지 않은 것 등에 관한 질서의 암묵적인 목록은 분야마다 다르다.

이제 우리는 생물학의 영역으로 눈을 돌린다. 생명을 다루는 과학은 역사에서도, 오늘날 그것이 가진 학문적 특성에서도 물리학이나 화학과 대비될 만한 면면을 드러낼 것이다.

13 유사한 맥락에서, 화학자들은 일반적으로 물리학자들보다 특허에 대한 관심의 비중이 더 크다.

생명을 탐구하는 학문 : 조금 철학적인 토론

11

생명과학에 대한 정의들

꽃병 속의 꽃은 살아 있나?

개념과 의미에 관한 약간의 철학적인 토론

인류 역사를 통틀어 과학 기술의 영역에서 최대 규모의 프로젝트는 어느 분야의 것이었을까? 이집트 파라오의 피라미드 건설을 생각하면 토목공학일까? 사람을 실은 우주선을 달에 보내는 아폴로 계획이 최대의 프로젝트였나? 아니면 물리학자들이 주도해 만드는 어마어마한 규모의 입자 가속기가 그 주인공일까? 아니, 인류 역사상 최대의 과학 연구 프로젝트는 생물학의 영역에서 진행되었다.[1]

얼마 전부터인지 생물학이 '생명과학'이라는 이름으로 더 자주 귀에 들어온다. 무슨 차이가 있나? 두 이름의 뜻에는 별 차이가 없다. 하지만 이런 변화는 암시하는 바가 있다. 생명과학(biological science 또는 bioscience)이라는 개념은 물리과학(physical science)에 대칭되는 개념으로 볼 수 있는데, 여기

1 이 프로젝트 이야기는 다음 장에서 하기로 한다.

서 물리과학은 물리학과 화학을 포괄하는 개념이다. 그렇게 보면 '생물학 → 생명과학'이라는 호칭의 변화는 이 분야가 오늘날 혼자서도 '물리학 더하기 화학'과 견줄 만한 위세를 갖추었다는 사실을 암시한다. 필자의 해석이 결코 과장이 아니라는 사실을 우리는 연구비의 규모나 연구자 수 그리고 그런 변수들의 변화 추세에서 읽어낼 수 있다. 오늘날 생물학은 과학의 수많은 분야 가운데 가장 많은 사회적 관심을 모으는 영역으로 부상했다. 건강과 장수를 향한 인간의 근원적인 욕구가 생명과학의 발달을 기반으로 적극적인 실현의 가능성을 내다보게 된 오늘 생명과학의 이런 약진은 아마도 당분간 누그러지지 않을 것이다.

또 생물학은 오랜 역사를 지녔다. 우리는 아리스토텔레스가 생물학자였다는 사실을 이미 알고 있는데 그것만 고려하더라도 생물학의 역사는 2천년을 훌쩍 넘는다. 생물학은 어느 분야 못지않게 오랜 역사를 지닌 전통의 영역일 뿐만 아니라 방금 언급한 학문적 위상이나 사회적 영향력을 고려하더라도 과학의 지형도에서 커다란 비중을 차지하는 중요한 나라다. 생물학은 어떤 과학인가? 또 생물학은 앞에서 살펴보았던 과학의 다른 분야들과 어떤 관계를 맺고 있는가?

_생명과학에 대한 정의들

이 분야의 기본적인 성격을 파악하기 위해 생물학의 이런저런 교과서들을 들추어 보면 생물학에 대해 "생명에 대한 과학적 탐구", "생명 현상을 탐구하여 생명의 본질을 규명하고 그 신비를 해명하는 학문", "생명체의 구조와 기능을 연구하는 학문", 그리고 "생명의 역사와 생태계의 특성을 연구하는 학문" 같은 정의들이 눈에 띈다.

첫 번째 것은 깔끔하고 흠잡을 데 없어 보이지만 이 분야가 생명을 다룬다는 것과 그것을 과학적인 방식으로 다룬다는 뻔한 내용만 담고 있어 흥미를 끌지 않는다. 한편 두 번째 정의에서 '본질을 규명'하겠다는 얘기는 많은 다른 학문 분야에서도 등장할 만한 내용인 데 반해 '신비를 해명'하겠다는 부분은 튀어 보인다. '신비'는 오늘날의 천문학이나 물리학, 화학 같은 영역에서는 등장할 법하지 않은 표현이기 때문이다. 한편 우리는 신비가 생명 현상과 잘 어울리는 낱말이라고 느낀다. 생명은 신비롭다. 어째서 그런가? 아니, 이런 신비감은 과연 근거 있는 느낌인가? 옛날 한때는 천체의 운행도 신비로운 현상이었다. 근대 천문학의 주인공 가운데 한 사람인 케플러가 젊은 시절 펴냈던 그의 첫 저서는 『우주의 신비(*Mysterium Cosmographicum*)』였는데, 이 이름은 시적 비유의 산물이 아니라 직설적 표현이었다. 하지만 이 신비는 케플러와 갈릴레이 그리고 뉴튼 같은 사람들의 공헌에 의해 신비의 베일을 벗었다. 그렇다면 생명 현상이 다른 자연 현상에 비해 아직 덜 이해되어 있어서 신비라는 꼬리를 달고 다니는 것일 뿐이라고 할 수 있을까? 아니면 생명 현상에는 이런 일반적인 사정과 별도로 그것을 '신비롭다'고 말하게 만드는 어떤 특수한 면모가 있는 것일까?

세 번째와 네 번째의 정의는 하나의 대립 쌍을 이루고 있다. 생명체의 구조와 기능이라는 주제는 물리적, 화학적 관점으로부터의 접근을 지시한다. 생물학이라고 하면 먼저 세포나 현미경을 떠올리고 '유전자'라는 개념이나 소위 이중나선 구조로 일컬어지는 DNA 분자를 상상하는 대다수의 현대인은 무의식적으로 이 정의에 입각한 생물학을 머릿속에 간직하고 있는 셈이다. 그리고 오늘의 과학에서는 바로 이런 관점이 생물학을 주도하고 있다. 그것은 전문 연구자의 수나 발표되는 논문의 수, 전문 학

술 저널의 수 등을 고려하더라도 뚜렷한 현상이다.[2]

한편 네 번째 정의에서 '역사'라는 표현은 생소해 보인다. 여기서 역사는 자연의 역사, 특히 생명의 세계가 거쳐 온 진화의 역사를 의미한다. 그리고 '생태계'는 거시계로부터 미시계에 이르는 생명 현상의 폭넓은 규모 속에서 세포나 DNA의 반대쪽 끝에 위치한다.[3] 이런 관점의 생물학은 미시적 환원(microreduction)의 접근 방식[4]을 기반으로 하는 생물학에 비해 수적 열세에 있지만 생명의 탐구에서 결코 빠트릴 수 없는 필수적 부분이다. 짧게 말하자면 세 번째 정의와 네 번째 정의가 가리키는 생물학 탐구의 두 가닥은 서로 보완하면서 생명 현상의 탐구를 완성해 가야 하는 상보적인 항들이다.

학문 분야의 정체성을 결정하는 기본적인 항목은 그것의 탐구 대상과 방법론이라고 할 수 있으므로, 먼저 생명과학의 탐구 대상을 따져 보자. 생명과학은 무엇을 탐구하는 과학인가? 물론 생명과학은 '생명'을 탐구한다. 그렇다면 생명이란 무엇인가? 생명체, 생명 현상은 어떤 것 그리고 어떤 현상을 가리키는 개념인가? 아마 생명체란 살아 있는 것을 가리킨다는 대답이 가까운 곳에서 튀어나올 법하다. 하지만 살아 있다는 것의 기준은 무엇인가?

이렇게 묻다 보니 마치 철학적인 질문처럼 느껴진다. 그렇다, 이것은 실제로 철학적인 물음이다. 앞에서 이미 우리에게 친숙해진 개념쌍을 적용해 보자. 우리는 지

2 오늘날 세계적인 추세도 이와 비슷하긴 하지만 우리 나라 대학들에서 이런 상황은 더 극명하다. 이른바 미시생물학과 거시생물학 사이의 불균형은 물론이고 심지어 생물학과나 생명과학 전공에 단 한 사람의 거시생물학 전공 교수도 없는 경우도 있다. 한편 자연과학이 더 발달한 미주나 유럽의 생물학계에서는 거시생물학의 중요성이 다시 강조되면서 이른바 '통합생물학(integrative biology)'이라는 개념이 뚜렷이 부상하고 있다.

3 생태계보다 한 단계 더 거시적인 차원의 생명 개념으로 '온생명'이 있다. 이 개념을 고찰하려면 장회익의 『삶과 온생명』(1998)을 볼 것!

4 생물학의 환원주의적 경향에 대해서는 14장에서 이야기하기로 한다.

금 '과학적'인 문제를 다루고 있는가? 아니다. 우리는 하나의 '메타적' 물음을 던지고 있다. 과학은 자연 혹은 세계에 대해, 그것을 구성하는 다양한 요소들의 특성에 대해 묻는다. 그런데 지금 우리는 자연 그 자체의 본성이 아니라 그것을 다루는 '우리의 개념'에 대해 묻고 있다. 세상에 생물학자가 단 한 명도 없더라도, 또 세상에 "생명 있음의 기준이 뭔가?"라고 묻는 이가 아무도 없어도 생명체들 그리고 그들이 펼치는 생명 현상은 여전히 꽃피고 있을 것이다.

이쯤 되고 보니 이런 메타적 물음이 도대체 무슨 소용이 있겠는가 하는 의문이 고개를 든다. 왜냐하면 자연 속의 생명 현상은 "우리가 생명의 기준을 얼마나 성공적으로 규정하는가와 아무 상관없이" 진행되기 때문이다. 그러나 같은 관점에서 과학적인 물음을 평가하면 다른 결론이 나올까? 아니다, 사정은 똑같다! 그런데, 여기서 우리는 올바른 결론을 내릴 수 있어야 한다. "과학적 물음이나 메타적 물음 할 것 없이 모두 실은 쓸데없는 짓!"은 올바른 결론이 아니다. 과학적 탐구도 메타적 탐구도 그 존재 의미는 일차적으로 자연에 무엇인가를 제공하거나 자연을 좌지우지하기 위함이 아니다. 인간의 탐구는 아무 다른 조건 없이 진상을 알고자 하는 인간의 억누를 수 없는 탐구욕을 논외로 한다면 인간을 위한 것이다. 그리고 과학적 탐구와 메타적 탐구는 각기 다른 방식으로 인간에게 기여한다.

이 가운데 메타적 물음은 자기 자신 또는 우리 스스로를 이해하려는 인간의 노력을 반영한다. "우리는 무엇을 생명으로 간주하며, 그것을 어떤 방식으로 탐구하고 다루는가?" 우리는 이런 물음을 통해서 우리가 생명의 세계 속에서 어떤 위치를 차지하는 존재이고 그것에 대해 어떤 태도와 적극적인 관계를 취하고 있는지를 따진다. 그리고 이런 이해는 바로 우리가 이 자연과 더불어 성공적으로 공존하는 것을 돕는다.

_꽃병 속의 꽃은 살아 있나?

사진 속에서 전형적인 포즈를 취하고 있는 나무늘보는 분명 살아 있는 생명체다. '생명을 가졌다'는 것을 '움직인다'는 의미로 이해해도 좋을까? 사실 생명과 움직임 혹은 최소한 어떤 종류의 역동성을 연관짓는 것은 소박하면서도 매력적인 직관이라 하지 않을 수 없다. 그러나 스스로 움직이는 법이 (거의) 없는 풀꽃이나 나무 역시 살아 있는 생명체라는 건 초등학생도 가진 상식이므로, '움직여 다니는 것'을 살아 있음의 기준으로 삼을 수는 없는 노릇이다.

그렇다면 어떤 기준이 적절할까? 학생들과 수업 시간에 이 물음을 나눠보았을 때 '호흡을 하는지', '자라나는지', '늙고 죽어가는지', '물질대사를 하는지' 등을 비롯해 다양한 의견이 제시되었다. 실제로 이것들은 하나하나 생명의 중요한 특질을 드러내는 훌륭한 대답이다. 하지만 그것들은 각각 문제점을 안고 있기도 하다.

호흡을 예로 들어 보자. 생명체 중에는 분명 호흡을 하는 것들이 많다. 사람도 호흡을 하고, 개나 고양이 같은 짐승들도 호흡을 한다. 물고기는 어떤가? 우리는 물고기도 우리의 허파에 해당하는 기관을 갖고 있으며 아가미를 통해 물속의 산소를 호흡한다는 사실을 알고 있다. 식물들은 어떤가? 우리는 대부분의 식물이 비록 일상의 눈으로 볼 때는 숨을 쉬는 것 같지 않지만 빛을 에너지로 바꾸는 광합성 작용과 더불어 유기호흡도 한다는 사실을 알고 있다. 그러나 모든 생물이 호흡을 하는 것은 아니다. 이른바 혐기성 세균(anaerobe)으로 분류되는 생명체는 호흡이 없이 살아간다. 그런데 여기서 작은 고민이 생긴다. 이 세균들은 산소를 들이마시지는 않지만 생명 활동 과정에서 다른 기체를 방출하는데, 이것을 호흡으로 볼 수 있을까?

이야기를 따라가다 보니 '생명'을 규정하기 위해 끌어들인 호흡의 개념 역시 분명히 규정하기 쉽지 않다는 사실을 인식하게 된다. 개념을 명확히 규정하는 것은 학문적 탐구의 성숙한 단계를 위한 조건인 동시에 의사소통을 위한 토대가 된다. 그런데 A라는 개념의 규정은 그 개념이 포괄하는 사례들을 모두 포섭할 수 있는 것인 동시에 A의 사례가 아닌 것들은 배제할 수 있는 것이어야 한다. 즉 '생명'에 대한 성공적인 정의는 "생명을 가진 모든 것에 적용될 수 있는 것"이면서 생명 없는 것은 예외 없이 그 범주 밖으로 밀어낼 수 있는 힘을 지닌 것이어야 할 것이다. 예를 들어 제안된 정의가 돌고래를 생명의 범주 안으로 끌어들이는 데 실패하거나 버스를 생명의 테두리 안에 받아들이게 한다면 실패한 정의가 되는 것이다.

어떤 종류의 기체든 흡수하거나 방출하는 경우를 모두 호흡으로 본다면 우리는 자동차도 호흡을 한다고 말해야 하지 않을까? 그렇다면 자동차도 생명을 지닌 셈이 되는가? 자기 복제가 생명의 기준이라면 컴퓨터 바이러스에 대해서는 어떤 판단을 내려야 하는가? 컴퓨터 바이러스의 자기 복제는 컴퓨터라는 환경과 전기가 있어야만 일어나므로 생명과는 다르다고 할 텐가? DNA의 자기 복제 역시 적절한 환경과 에너지를 필요로 하는 과정이다.

진화생물학자 마이어(Ernst Mayr, 1904~2005)는 생명의 영역을 특징짓는 기준으로 진화와 자기복제의 능력, 에너지와 물질대사, 복잡한 시스템을 안정적인 상태로 유지하는 자기 제어의 능력, 환경으로부터의 자극을 수용하고 그것에 반응하는 능력, 핵산·펩티드·효소·호르몬 같은 특수한 화학적 구조, 목표지향적 활동을 가능하게 하는 프로그램 등 예닐곱 가지 항목을 제시한다. 아마도 생명을 특징짓는 기준이 그렇게 여러 가지인 이유는 어느 한 가지 특성만으로 생명을 규정하기가 어렵기 때문일 것이다. "저기 꽃병에 있는 꽃은 살아 있는 거야?" 이것은 몇 해 전 유치원생이던 한 소녀가 나에게 던진 질문이었는데, 지금도 여전히 어려워 보인다.

생명의 단위를 정하는 일도 쉽지 않다. 우리는 보통 살아 있다는 개념을 이 고양이나 저 은행나무 같은 유기체(organism) 수준에 결부시키지만, 생명을 지닐 수 있는 것은 그런 유기체의 수준뿐일까? 내 간이나 췌장은 어떤가? 내 몸을 구성하는 세포들은? 세계적으로 많은 독자를 만든 도킨스(Richard Dawkins)의 책 『이기적 유전자(*The Selfish Gene*)』는 우리 한 사람 한 사람이 살아 있는 주인공이라기보다 유기체라는 생명의 형태를 도구로 삼아 수십만 년, 수백만 년, 혹은 수억 년이 넘도록 정체성을 보존해 가고 있는 우리 몸속의 DNA나 그것이 담고 있는 유전자(gene)들이 진정한 생명의 주체라고 말하도록 우리를 유도한다.

생명의 기준을 정하는 일은 우리의 머릿속을 점점 더 복잡하게 만들면서도 도무지 쉽사리 결론이 날 것 같지 않은 문제지만, 그렇다고 "결국엔 이렇게 볼 수도 있고 저렇게 볼 수도 있는" 두뇌운동 거리만은 분명 아니다. 예컨대 다음과 같은 물음들을 생각해 보자: 인간은 언제부터 하나의 생명체인가? 또 언제까지 살아 있다고 할 수 있는가? 인간의 생명은 부모의 난자와 정자가 만나서 수정란을 형성한 그 시점에 시작되는가? 아니면 수정란이 만들어지고 아홉 달 뒤 자궁으로부터 분리되었을 때에야 비로소 '하나의 생명체'라고 할 수 있는가? 아니면 그 중간 어느 시점, 예컨대 배아(embryo)에서 두뇌의 형성이 시작되는 때를 인간 생명의 시작으로 인정할 것인가? 이런 물음이 배아 연구의 가능성이나 허용 범위 같은 중요한 사회적 관심사와 밀접하게 관련되어 있다는 것은 조금만 생각해 보면 분명해진다.

"인간이 언제까지 생명을 지녔다고 인정되는가" 하는 물음 역시 벌써 오래 전부터 사회적인 고민거리였다. 들숨과 날숨이 멎을 때까지인가? '숨을 거둔다'는 표현에도 반영되어 있는 이 기준은 오랜 전통을 지녔고 일리도 있는 것이지만 오늘날의 의학적 관점에서는 결코 결정적인 기준으로 인정되지 않는다. 그렇다면 생명은 심장의 기능이 완전히 정지하는 순간 꺼지는 것인가? 아니면 두뇌가 작동을 완전히 중지하는 시점이 죽음의 시점인가? 아니, 몸을 구성하는 모든 세포가 남김없이 썩어서 그 주변과 완전히 동화된 시점을 죽음으로 규정할 수는 없는 것일까?

_개념과 의미에 관한 약간의 철학적인 토론

기준을 정하고 경계선을 긋는 일은 언제나 어렵다. 우리는 다시 한 번 "What is X?"라는 물음이 어렵다는 사실을 실감한다. 숨어 있는 정답을 찾아내기가 어렵기 때문인가? 그것만은 아니다. 다른 한편에서 보면 개념을 규정하고 그 적용 범위의 한계를 긋는 일은 늘 어느 정도 규약(convention)의 성격을 지닌다. 여기서 규약이란 그 과정의 주도권을 쥔 주체(들)에 의해 좌우될 수 있다는 융통성 혹은 임의성의 의미를 포함하는 '약속'의 의미와, 또 그런 임의성의 범위에 실질적인 한계를 긋는 역사적·사회적 '관습' 혹은 '관례'의 의미를 함께 내포한다. 이런 까닭에 앞에서 "인간은 언제까지 생명을 지녔나?"라고 묻는 대신 "……라고 인정되는가?"라고 물었던 것이다.

이런 얘기는 과학이나 과학적 탐구에 관한 이야기와 동떨어진 이야기처럼 들릴는지 모르지만 우리는 모든 과학적 탐구의 바탕에 이런 개념적인 문제가 늘 깔려 있다는 사실에 한 번쯤 주목해 볼 필요가 있다. 자연과학뿐만 아니라 어떤 전문 영역에서도 그 분야의 전문가를 향한 교육과 훈련의 가장 핵심적인 부분은 그 분야에서 통용되는 개념 체계를 받아들이고 그것에 익숙해지는 과정이다. 그 분야의 의사 소통에서 빈번하게 등장하는 개념들을 그 분야의 기존 전문가들과 같거나 적어도 충분히 유사한 방식으로 사용하지 못할 경우 성공적인 전문가가 될 수 없을 것은 뻔한 일이다.

그렇다면 모든 전문 분야는 그 분야의 전문가들이 공유하고 또 후속 세대에게 전수하는 특정한 사전(辭典)을 이미 하나씩 갖고 있다는 얘기인가? 얼핏 간단해 보이는 이 물음의 답은 조심스럽다. 분명 성공적인 의사 소통 시스템이 작동하고 있는 모든 전문 분야에는 적어도 그것을 가능하게 하는 개념 체계 즉 일종의 사전이 있다고 볼 만한 이유가 있다.[5]

한편 이 사전은 한 개념을 특정한 방식의

5 이런 사전(lexicon)의 개념은 쿤(Thomas S. Kuhn)의 것이다. 여기서 말하는 '사전'은 일종의 비유로서, 종이 위에 적힌 글씨나 전자 문서 파일의 형태로 구현되어야 하는 것은 아니다.

정의(定義)와 연결하는 방식으로 구성되어 있지 않다. 이것은 무슨 말인가? 예컨대 모든 물리학도들에게 기본적인 개념인 질량이나 힘, 속도와 에너지 등은 분명 물리학의 사전 속에 자리를 잡고 있겠지만, 그것의 의미는 '질량이란 이러이러한 것!' 이런 식으로 주어져 있지 않다. 달리 말하자면 물리학도들은 질량의 의미를 그런 형태의 정의를 통해서 배우지 않는다. 그럼에도 불구하고 대학을 졸업할 때쯤, 혹은 적어도 대학원에서 석사학위를 받을 때쯤이면 물리학도의 머릿속에는 그런 개념들의 의미가 상당히 뚜렷하고 견고하게 형성되어 있다.

이상한 이야기처럼 들렸을는지 모르지만 이것은 결코 생소한 일이 아니다. 우리는 누구나 '의자' 나 '밥' 같은 개념을 충분히 이해하고 있고, 의사소통에서 능숙하게 사용한다. 그러나 우리의 그런 능력은 '의자' 나 '밥' 의 정의를 배움으로 인해 생긴 것이 아니다. 한 낱말의 의미를 습득하게 되는 과정은 다양하지만, 간과되기 쉬우면서도 사실상 큰 비중을 차지하는 부분은 '사용' 이라는 맥락 속에서의 습득이다. 우리는 그 어휘를 능숙하게 사용하고 있는 기존의 사용자들로부터 다양한 맥락 속의 경험을 통해 그 말의 용법을 체득한다. 그리고 한걸음 더 나아가 그 말을 흉내내어 사용하는 과정에서 성공과 실패, 미묘한 어려움 등을 체험하면서 차츰 그 말에 대한 이해를 능동적인 사용의 수준까지 끌어올린다. 우리는 종종 개념적 정의의 형태를 띤 정보를 접하기도 하지만, 그것은 특수한 경우일 뿐만 아니라 개념 습득의 과정에서 더 큰 비중을 갖지도 않는다. 오히려 개념적 정의라는 형태의 의미 분석은 대개 이런 사용 능력을 지닌 사람이 특수한 상황에서 필요에 따라 행하는 2차적인 작업이다. 학문의 영역에서도 사정은 방금 서술한 일상적 언어의 경우와 근본적으로 다르지 않다.

더구나 생물학자가 '생명' 을 정의하기란 물리학자가 '질량' 이나 '에너지'를 정의하는 것보다 한층 더 어렵다.[6] 하지만 이런 개념 정의의 문제에 대한 명확하고 만족스런 대답이 공유되어 있지 않은 상황에서도 과학의 탐구는 꾸준히 진행되었고 과학은 발전을 계속해 왔다. 실제로 과학에서 개념의 명확하고 정밀한 정의는 탐구의 전제 조건이 아니라 탐구가 낳는 부산물이라고 보는 편이 옳을 듯하다. 이제는 실제 역사 속에서 성장해 온 생명과학의 모습을 살펴보도록 하자.

6 양쪽 문제의 눈높이가 서로 다르다는 점에 유의하라. 만일 물리학자에게 물리학의 탐구 영역 전체를 포괄하는 개념인 '물질(matter)'이나 '자연(physis)'을 정의하라고 요구한다면 문제의 수준이 서로 비슷해질 것이고, 물리학자는 깊은 고민에 빠질 것이다.

생물학의 발달과 진화론의 등장

12

_생물학의 모태가 된 자연사 연구

17세기 후반에 왕립학회와 과학아카데미가 발족하여 과학 단체라는 시스템이 확립된 이후 영국과 프랑스 양쪽에서 공통적으로 상당히 커다란 탐구자 그룹을 이루고 있던 영역이 바로 자연사 연구(Natural History)이다. 자연사 연구자들은 자연을 성실하게 면밀하게 관찰함으로써 자연의 참된 모습과 그것의 역사를 파악하고 그것을 서술하고자 했다. natural history나 histoire naturelle이라는 표현에서 '史'라고 옮겨진 부분은 꼭 좁은 의미의 '역사'를 뜻한다기보다 '이야기'로 이해하는 편이 더 적절하다. 이 '이야기'는 현재 자연의 모습에 대한 폭넓은 관심과 더불어 자연이 이처럼 되어 온 과정에 대한 관심을 포괄하는 것이다.

자연사 연구자들 가운데는 자연의 여러 국면들 중에서도 특히 기상(氣象) 현상에 관심을 가진 사람들, 이런저런 동물에 관심과 조예가 있는 사람들, 식물 전문가들, 암석과 토양을 연구하는 지질학자들, 해양에서 나타나는 조류를 연구하는 사람들 등 다양한 전문가들이 존재하고 있었다. 우리는 이런 전문성이 현존하는 여러 과학 분야의 모태가 되었다는 사실을 감지할 수 있다.

대상이 동물이냐 식물이냐를 막론하고 생물계의 현상에 관심을 가진 사람들에게 가장 기본적인 탐구 작업은 정확한 기술(記述)과 분류였다. 분류는 아리스토텔레스 이래로 계속된 전통이었고, 아랍과 유럽과 동아시아를 막론하고 수행되었다. 분류는 사실 인류의 지성과 더불어 시작된 보편적 작업이다. 우리가 세계를 인식하는 일은 기본적으로 분류를 포함하는 과정이다. 우리는 하늘에 떠 있는 것들을 '해, 달, 그리고 (나머지는 모두) 별'이라는 이름으로 부르기도 하고, '항성, 행성, 위성'으로 분류하기도 한다. 식물을 '먹을 수 있는 것'과 '먹으면 안 되는 것'으로 그리고 전자에서 다시 이런저런 질병에 약이 되는 식물을 가려내는 일도 분류다.

생물을 분류하는 가장 기본적인 단위는 옛날부터 '종(種, species)'이었다. 그리고 종은 각각 변치 않는 고유의 특성을 지닌 단위로 생각되었다. 18세기가 시작될 즈음에도 종의 불변성(不變性)과 고정성(固定性)은 자연사 연구자들에게 확고한 신념의 대상이었다. 또 그것은 성서의 가르침과도 자연스럽게 부합하는 신념이었다. 모든 종은 신의 피조물이었다. 신은 태초에 온갖 식물과 동물들을 그 종류대로 창조했다.[1] 신이 '종류대로' 창조한 것들이 시간의 흐름과 더불어

1 하나님이 "땅은 온갖 채소와 씨 맺는 식물과 열매 맺는 과일 나무들을 그 종류대로 내어라" 하시자 그대로 되었다. [……] 하나님이 "땅은 온갖 생물, 곧 가축과 땅에 기어 다니는 것과 들짐승을 그 종류대로 내어라" 하시자 그대로 되었다. (창세기 2장 11절, 24절.)

종류의 수를 늘이거나 줄이는 일, 또 창조된 바 그 본성이 이런저런 중대한 변화를 겪는다는 것은 부자연스러울 뿐만 아니라 대단히 부담스런 생각이었다.

그러나 탐구는 늘 새로운 의심을 산출하고, 과학은 그런 의심을 토양으로 삼아 진보한다. 패러다임의 개념으로 유명한 토마스 쿤은 그의 저서 『과학혁명의 구조』에서 어떤 견고한 패러다임도 영원하지는 않으며 주어진 패러다임을 굳게 신봉하면서 그것을 더 견고하고 세련된 것으로 만들고자 하는 탐구자들의 축적된 노고가 결과적으로 기존 패러다임의 한계를 드러내고 중대한 위기를 초래함으로써 결국 혁명을 촉발한다고 주장했다. 쿤이 제시한 일반적인 과학의 발달 양상이 항상 실제와 딱 들어맞는 것만은 아니지만 이 장면에서 그의 일반론은 설득력이 있어 보인다. 과학적 탐구는 깨어 있는, 진상을 은폐하지 않고 드러내는 적극적이고 비판적인 정신의 활동이기 때문에 과학자는 그가 출발점으로 삼았을 뿐만 아니라 그의 탐구에 필수적인 지식과 기법 그리고 세계에 관한 일련의 믿음들을 제공해 준 기존의 패러다임을 결국엔 부정할 수 있게 된다.

18세기 분류학의 활발한 연구와 발전은 기존 분류 체계에 대한 의구심을 유발했다. 기존 분류 체계를 곤혹감에 빠뜨리는 발견들이 줄이어 등장했다. 수많은 새로운 종들이 속속 발견되었고 기존 분류 체계에서 이미 확고한 지위를 차지하고 있는 두 종의 중간에 해당하는 형질을 지닌 생물군이 발견되었다. 특히 중요한 계기는 화석(化石) 연구로부터 왔다. 화석을 연구하는 전문가들을 우리는 고생물학자(paleontologist)라고 부른다. 하지만 화석 연구는 원래 생물학의 한 분야로 출발한 것이 아니라 지질학의 영역에서 생겨났다. 하기야 땅 속에서, 그것도 형성된 지 수백만 년, 수천만 년이 지난 암석층 속에서 생명의 모습을 발견하게 되리라고 누가 미

라마르크

리 생각할 수 있었겠는가? 그러나 암석층 속에서 발견된 화석들은 머나먼 과거에 이 땅 위에 존재했던 생물상이 오늘날의 그것과 사뭇 다르다는 것을 보여주고 있었다. 그렇게 해서 지질학의 한 부산물이었던 화석 연구는 생물학의 새로운 한 부분으로 편입되었고, 이 새로운 부분의 연구 성과는 가뜩이나 흔들리고 있던 종전의 분류학 체계를 심각한 재고의 대상이 되게 했다.

우리는 1809년에 발표된 라마르크(Jean-Baptiste de Lamarck, 1744~1829)의 저서 『동물철학(*Philosophie zoologique*)』에서 자연을 바라보는 탐구자들의 생각에 중요한 변화가 일어나고 있음을 확인한다. 그는 거기서 종은 시간 속에서 변화하고, 또한 그럴 수밖에 없다는 사실을 분명하게 표현한다. "모든 생물종은 그것의 환경과 완전한 조화를 이루어 생존해야만 하는데, 환경은 계속 변화해 간다. 따라서 종이 그것의 환경과 균형잡힌 조화를 유지하고자 한다면 생물종 자체도 끊임없이 변화하지 않으면 안 된다. 만일 그런 적응에 실패한다면 그 생물종은 멸종의 위기를 맞게 될 것이다."

19세기 초 이후 자연사 연구자들 사이에는 생명의 세계가 정태적이지 않고 그 자체로 거대한 규모의 역사를 써내려간다는 인식이 퍼져 갔다. 그렇게 해서 '진화론'의 주인공격인 찰스 다윈(Charles Darwin, 1809~1882)이 성장할 즈음엔 자연의 진화라는 개념이 상당히 널리 퍼져 있었다. 사람들의 관심은 곧 그 다음 문제로 옮아가고 있었다. 생명의 세계를 거시적 차원에서 변화시켜 가는 원리는 무엇인가? 자연이 진화해 간다는 사실이

기린의 목은 왜 그렇게 긴가?

폭넓게 받아들여지면서 사람들은 진화가 어떤 원리에 따라 일어나는 과정인지를, 즉 진화의 메커니즘을 궁리하고 있었다.

라마르크는 이 물음에 대해서도 하나의 그럴 듯한 대답을 내놓았다. 우리가 보통 용불용설(用不用說)이라고 부르는 그의 견해는 쓰면 쓰는 만큼 발달하고 그러지 않으면 퇴화한다는 생각을 담고 있었다. 기린의 목은 어쩌다 그렇게 길어졌을까? 이 물음에 대한 라마르크 방식의 대답을 구성해 보자면 다음과 같다.[2]

기린이 섭취하는 영양분에서 중요한 비중을 차지하는 식물의 열매가 지상에서 평균

2 이것은 라마르크의 견해를 토대로 필자가 재구성한 이야기다.

4~5m 정도 높이에 주로 매달려 있다고 해보자. 그리고 조상 기린의 키는 2m 안팎이었다고 하자. 그 열매를 맺는 나무들 가운데 키가 좀 작은 것들도 있는 덕분에 기린들이 모두 굶어죽지는 않았지만 기린들은 나무 위의 열매를 따먹기 위해 열심히 목을 빼 늘여가며 사용했고, 그 결과 기린의 키는 조금 커졌다![3] 물론 아무리 목을 늘여가며 노력한다 해도 한두 세대 만에 2m에서 4m가 될 수는 없는 일이다. 하지만 그렇게 늘어난 키는 자손의 형질로 대물림될 것이다. 자식은 그렇게 어미 세대보다 한 단계 진전된 출발점에서 시작할 수 있고, 자기 세대를 거치는 동안 또 그렇게 목을 늘여가며 사용함으로써 목 길이의 발전에 한몫을 보탠다. 그렇게 수백 세대를 거치면서 기린의 목 길이는 점점 길어져 평균 키가 4m를 넘게 되었고 기린들은 이제 어려움 없이 그 열매들을 따먹을 수 있게 되었다. 물론 이제 기린의 키는 더 늘어날 이유가 없다. 기린의 키는 이미 환경에 딱 알맞게 적응되었기 때문이다.

라마르크의 설명은 매력을 지니고 있다. 진화에 관한 그의 아이디어는 생명체에서 변화를 일으키는 핵심적 동인(動因)이 그것의 환경에 대한 적응(適應, adaptation)이라는 사실을 지적한 것을 비롯해 현대 과학의 관점에서 보더라도 흥미로운 몇 가지 요소를 담고 있다. 당신은 그의 진화 이야기에서 딱히 마음에 안 드는 요소를 지적할 수 있는가?

라마르크의 설명은 설명하고자 하는 목표에 도달하고 있을 뿐만 아니라 그 자체로 일관성도 지녔다. 하지만 그런 설명이라고 해서 모두 올바른 과학적 설명은 아니다.[4] 위의 이야기에서 잘못된 곳을 지적하기 위

3 여기까지는 그 자체로 그럴 듯한 얘기다. 20년 동안 대장장이 일을 한 사람의 일하는 손은 그의 다른 쪽 손보다 더 크다. 그렇다고 대장장이가 짝짝이 손을 갖고 태어났다고 생각할 사람은 없을 것이다.

4 그렇다면 우리가 받아들일 만한 '올바른 과학적 설명'이 충족해야 할 조건은 어떤 것인가?

해서는 추가적인 지식이 필요한데, "획득 형질은 유전되지 않는다"는 현대 유전학의 기본 상식이 바로 그것이다.[5] 획득 형질이란 부모로부터 물려받아 타고난 것이 아니라 살면서 나중에 우연히 얻은 형질을 뜻한다. 열심히 목을 사용한 결과로 늘어났던 기린의 목 길이가 여기 해당한다. 아쉽게도, 그렇게 애쓴 결과로 늘어난 목 길이는 자손에게 대물림되지 않는단다.

그럴 듯해 보였던 라마르크의 설명은 이 단 한방에 힘을 잃고 만다. 아무리 어미대에서 목의 길이를 늘여놓았다 해도 자식이 그것을 물려받을 수 없다면 진보는 누적될 수 없고 따라서 진화는 설명될 수 없기 때문이다.[6] 라마르크는 중요한 문제를 따져 물었고 그 해답으로 주목할 만한 견해를 제시했지만 그의 견해는 틀린 것이었다. 진화의 메커니즘은 여전히 해명을 필요로 하는 상황이 되었다. 이 문제에 대해 한층 더 설득력 있는 대답을 제시한 사람은 찰스 다윈이었다.

_다윈의 『종의 기원』

다윈은 라마르크의 『동물철학』이 출간되던 해에 태어났고, 그를 불멸의 인물로 만든 책 『종의 기원』은 그로부터 꼭 50년 뒤인 1859년에 출간되었다. 앞에 서술한 것처럼 다윈은 자연이 진화한다는 인식은 상당히 널리 퍼져 있던 반면 진화의 메커니즘은 아직 해명되지 못했던 상황 속에서 자라났다. 특히 다윈은 그의 스승을 통해 영국의 유력

5 대물림되는 형질은 DNA의 구조와 결부되어 있다는 점을 생각하면 자연스럽게 이해될 것이다. DNA는 운동이나 정신 수양을 통해 변화시킬 수 있는 것이 아니기 때문이다. DNA 이야기는 다음 장에 나온다.

6 한편 이른바 '밈(meme)'의 전파를 통한 문화적 진화(cultural evolution)처럼 DNA의 물질적 매개를 필요로 하지 않는 진화적 현상의 경우 라마르크식의 설명이 효력을 발휘하게 된다. 라마르크의 이야기가 오늘날까지 흥미로울 수 있는 이유가 여기에도 있다.

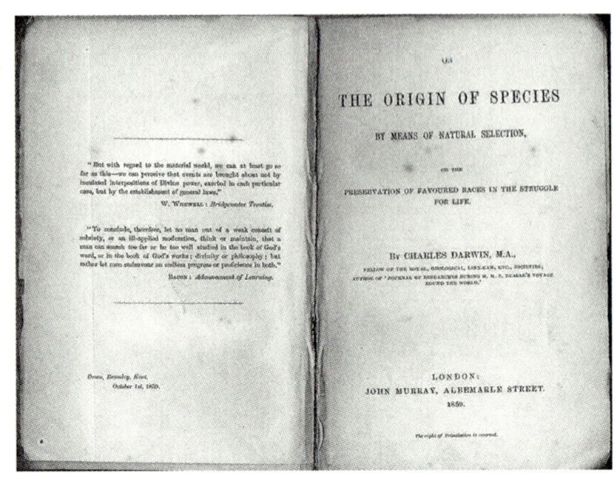

"But with regard to the material world, we can at least go so far as this—we can perceive that events are brought about not by insulated interpositions of Divine power, exerted in each particular case, but by the establishment of general laws."

W. WHEWELL: *Bridgewater Treatise.*

"To conclude, therefore, let no man out of a weak conceit of sobriety, or an ill-applied moderation, think or maintain, that a man can search too far or be too well studied in the book of God's word, or in the book of God's works; divinity or philosophy; but rather let men endeavour an endless progress or proficience in both."

BACON: *Advancement of Learning.*

Down, Bromley, Kent,
October 1st, 1859.

ON

THE ORIGIN OF SPECIES

BY MEANS OF NATURAL SELECTION,

OR THE

PRESERVATION OF FAVOURED RACES IN THE STRUGGLE FOR LIFE.

BY CHARLES DARWIN, M.A.,

FELLOW OF THE ROYAL, GEOLOGICAL, LINNÆAN, ETC., SOCIETIES;
AUTHOR OF 'JOURNAL OF RESEARCHES DURING H. M. S. BEAGLE'S VOYAGE ROUND THE WORLD.'

LONDON:
JOHN MURRAY, ALBEMARLE STREET.
1859.

The right of Translation is reserved.

찰스 다윈과 『종의 기원』

한 자연사 연구자 중 한 사람이었던 동시에 일찍이 진화의 개념을 수용했던 조부 이래즈머스 다윈(Erasmus Darwin)과 라마르크 두 사람의 영향을 받으며 성장했다.

젊은 시절 5년에 걸친 비글(Beagle)호 항해(1831~1836)를 통해 직접 관찰할 수 있었던 여러 지역의 생물상과 그의 경험이 다윈 진화론의 형성에 중대한 영향을 미쳤다는 사실은 널리 알려져 있다. 자연사 연구자로서는 항해에서 돈을 벌 수 없었기 때문에 이 여행은 상당한 비용을 필요로 하는 것이었는데, 이 비용은 다윈의 아버지가 부담했다. 청년 다윈은 그러나 20여 년 뒤 역작 『종의 기원(*The Origin of Species*)』을 통해 이런 빚을 당당히 갚은 셈이다.

비글호 항해에서 특히 갈라파고스 군도(Galápagos Islands)의 핀치새 이야기는 그의 진화론을 이해하는 중요한 열쇠가 될 수 있다. 다윈은 남미 대륙으로부터 건너 온 같은 조상으로부터 연유한 것이 틀림없다고 추정되는 여러 핀치새 무리가 지금은 왜 섬마다 독특한 모습을 지니게 되었는지 설명할 필요를 느꼈다. 갈라파고스의 섬들에는 제각기 독특한 부리 모양과 몸의 크기 등을 지닌 핀치새들이 서식하고 있었다. 그런데 신기하게도 딱딱한 껍질을 지닌 열매가 핀치새들의 먹잇감으로 풍부하게 제공되고 있는 섬의 핀치새들은 그런 딱딱한 열매를 부리로 깨물어 부숴먹기에 알맞은 두툼하고 단단한 부리를 갖고 있었다. 한편 그런 열매는 거의 제공되고 있지 않은 데 비해 선인장 속에 파고들어 사는 벌레들이 많아서 먹잇감이 될 만한 섬의 핀치새들은 그 벌레들을 선인장의 살 속에서 쏙쏙 빼먹기 알맞게끔 가늘고 뾰족한 부리 모양을 하고 있었다. 만일 두 섬의 핀치새들을 서로 바꾸어 놓는다면 먹이를 구하며 생존하는 데 꽤 고생을 할 법한 상황이었지만 갈라파고스의 핀치새들은 섬마다 주어진 환경에 알맞은 특성을 갖추고 있었다. 이런 적응은 도대체 어떻게 일어난 것일까? 라마르크도 적응의 개념은 이미 갖고 있었다. 그러나 문제는 이런 적응이 어떻게 실현되는가 하는 것이었다.

_다윈의 해답 : 변이-경쟁-자연선택

이 물음에 대한 다윈의 대답을 우리는 세 가지 개념을 통해 재구성해 볼 수 있다. 이 셋은 변이(variation), 경쟁(competition), 그리고 자연선택(natural selection)이다. 마지막의 자연선택은 우리 귀에 어쩌면 더 익숙할는지도 모르는 '적자생존(survival of the fittest)'이라는 개념으로 대신할 수도 있다. 다만 자연선택이 다윈의 개념인 반면 후자는 다윈의 진화론을 사회 현상에 적용하려 했던 최초의 인물이라고 할 허버트 스펜서(H. Spencer)가 도입한 개념이었다는 점은 기억하자.

변이는 다윈 방식의 적응이 일어날 수 있게 하는 최초의 그리고 필수적인 단계다. 변이란 부모와 닮지 않은, 혹은 부모의 형질과 상당한 차이를 지닌 자식이 태어나는 것을 가리킨다. 그렇게 해서 부모대의 형질의 폭보다 자식대에서 나타나는 형질의 폭이 조금씩이라도 더 넓게 벌어지게 된다. 부리의 가로 방향 최대 폭이 각각 3cm와 3.4cm인 부모로부터 나오는 새끼들을 보면 3cm에서 3.4cm 정도의 부리 크기를 지닌 새끼들이 제일 많이 태어나지만, 다 자란 부리의 폭이 예컨대 2.6cm이거나 3.9cm인 놈들도 종종 태어난다.

이처럼 부모의 평균에서 동떨어진 형질을 지닌 놈들의 수는 비록 작지만, 이런 놈들의 존재가 개체군 전체의 변화를 일으키는 기반이 될 수 있다. 예를 들어 문제의 핀치새 쌍이 정착해 살게 된 곳이 딱딱한 열매들이 핀치새들의 먹잇감으로 풍부하게 널려 있는 섬이었다고 하자. 거기서는 폭 3.9cm의 상대적으로 커다란 부리를 지닌 놈이 3.1cm나 3.4cm로 부모를 쏙 빼닮은 형제들보다 열매를 깨먹는 데 유리한 특성을 지니고 있다. 그 놈은 아마도 다른 형제들보다 더 튼튼하게 자랄 것이고 그들보다 더 오래 살면서 새끼도 더 많이 낳게 될 것이다. 반면에 2.6cm인 놈은 생존과 번식에서 평균 크기 부리의 형제들보다 불리한 상황에 놓이게 될 것이다. 구체적인 개체의 수준에서는 이런저런 예외적 상황이 발생할 수도 있다. (예를 들어 평균과 뚜렷이 다른 크기의 부리를 가진 놈을 다른 형제들이 집단으로 괴롭혀서 심각한 피해를 입히는 경우.) 그러나 갈라파고스 섬에 서식하는 핀

섬의 환경에 따라 다양한 부리 모양을 갖게 된 핀치새들

치새들의 수가 충분히 많다고 가정할 때 앞에서 언급한 기대는 이런 예외적 상황의 존재에도 불구하고 통계적 관점에서 대체로 현실화된다.

맬서스

우리는 지금 유리하고 불리한 상황에 대해 말한다. 하지만 만일 자연이 무한정한 자원을 제공한다면, 즉 열매섬에는 모든 개체가 충분히 섭취할 만큼의 열매가 항상 널려 있다면 부리의 크기가 2.6cm인 놈이라고 해서 3.9cm인 놈보다 반드시 비실비실한 성체로 자라나거나 단명할 이유는 없을 것이다. 하지만 환경은 항상 제한된 자원을 제공하고, 그것은 경쟁을 불러온다. 그리고 이런 경쟁이 형질의 차이를 생존확률의 차이나 수명의 차이 그리고 번식률의 차이 등으로 이끌어간다. 이와 같은 경쟁은 변이를 통해 발생한 형질의 폭으로부터 개체군 전체의 평균 형질에 방향성 있는 변화를 초래하는 바탕이 된다.

그런데 여기서 한 가지 언급해 둘 만한 것은 다윈이 경쟁이라는 메커니즘에 관한 아이디어를 사회 현상에 관한 맬서스(Thomas Robert Malthus, 1766~1834)의 논의에서 따왔다는 사실이다. 맬서스는 그의 저서 『인구론』에서 인구의 증가가 식량 생산의 증가보다 더 빠른 속도로 진행되기 때문에 종종 생존을 향한 심각한 경쟁(struggle for existence)이 야기된다고 주장했고, 다윈은 그의 글 속에서 자기가 맬서스 이론에 빚을 졌다는 사실을 명시하고 있다. 다윈은 그의 전문 분야와 동떨어져 보이는 맬서스를 읽은 덕분에 중요한 한 걸음을 내디딜 수 있었다.

이것은 소 뒷걸음질치다 쥐를 밟은 격인가? 그렇지 않다! 하나의 문제를 더 다양한 관점에서 바라볼 수 있는 편이 더 강하고 포괄적인 해결안을 제시할 수 있는 법이다. 사람이 자신의 전문 분야에 마음과 시간을 쏟는 것은 당연하고도 필요한 일이지만, 거기서 한 단계 상승하기 위해서는 이웃 분야에서 벌어지는 일에도 관심을 갖고 때론 꽤 멀찌감치 떨어진 영역에서 두드러진 중요한 성과나 변화에 대해서도 눈을 돌려 들여다볼 필요가 있다.

다윈의 '경쟁' 속에서 살아남는 것은 주어진 자연 환경에 더 적합한 놈들이다. 이를 다윈은 '자연선택'이라는 개념으로 표현한다. 그것은 일종의 비유라고 할 수 있다. 열매섬의 핀치새들 무리 가운데 결국 두툼하고 단단한 부리를 가진 놈들이 더 오래 살아남고 더 많은 후손을 남겼다. 이는 마치 그 섬의 자연이 그들을 선택한 것과 같은 인상을 준다. 자연은 그것에 적합한 개체들 그리고 그런 놈들로 이루어진 개체군에게 선택의 은총을 베푸는 것이다. 『종의 기원』의 원 제목이 'On the Origin of Species: By Means of Natural Selection'이었다는 사실만 보더라도 우리는 자연선택이 다윈 진화론의 중심 개념임을 알 수 있다.

_다위니즘, 생물학의 울타리를 넘어

다윈의 진화론은 발표된 지 150년이 다 되어가는 오래된 이론이다. 또 비록 생물학 내부에서 진화의 사실 자체에 대한 이견은 없더라도 진화의 구체적이고 세부적인 진행 양상이나 그 바탕에 깔린 메커니즘에 대해서는 여전히 이곳저곳에 뜨거운 토론거리가 서슬 퍼렇게 살아 있다. 그뿐인가? 진화론과 기독교 신앙 사이에는 여전히 '종교와 과학의 조화'나 '종교와 과학의 영역 분리' 혹은 더 구체적으로 '유신론적 진화론' 같은 매력적인 제목의 강연으로 덮어버릴 수 없는 긴장의 끈들이 걸려 있다. 최근에 미국에서 다시 거론되었던 지적 설계(intelligent design)[7] 이야기 역시 서랍에 정리해 넣기 쉽지 않은 주제다. 그러나 이런 모든 사정에도 불구하고 분명한 사실은 진화의 개념, 특히 다윈 진화론의 구도가 오늘날 여러 전문 영역에 걸쳐 핵심적인 개념으로 등장하고 있다는 것이다. '다위니즘'은 더 이상 생물학의 울타리 안에 국한된 개념이 아니다. 배우자 선택의 과정에서 나타나는 행동 양식의 성차(性差)를 설명하는 일뿐만 아니라 인터넷 언어의 생성과 전파를 설명하는 일이나 새로운 음악 장르의 변천 과정을 이해하는 데도 진화론적 관점은 흥미롭고 적절한 설명의 틀을 제공해 준다.

7 만일 바닷가 모래사장에서 시계 하나를 발견한다면 우리는 그것이 몇 가지 금속과 유리 등 우주에 존재하는 다양한 재료가 우연히 그런 구조로 결합해서 시계를 이루었다고 생각하지 않고 그것을 '누군가가 만들었다'고 믿을 것이다. 그리고 시계를 만든 이는 시계의 구조와 특성을 잘 이해하고 있는 존재일 것이다. 하물며 인간처럼 고도의 구조적 복잡성과 더불어 다양하면서도 조화된 기능을 갖춘 존재는 분명 인간의 지적 능력을 초월하는 존재에 의해 설계되고 창조되었다고 보는 것이 합리적이라는 견해가 '지적 설계론'이다.

현대 생물학의 세 가지 구성 요소

13

_현대 생물학의 세 가지 구성 요소

오늘날 우리가 생물학이라고 부르는 분야의 토대는 1940년대에 이르러서야 제대로 하나가 되었다고 할 수 있는 세 가지 요소의 합으로 구성되어 있다. 그 셋 중 하나는 앞 장에서 소개된 다윈의 진화론이고 나머지 둘은 유전 현상에 관한 연구 그리고 생명체를 세포 혹은 그보다 더 미시적인 수준에서 탐구하는 작업의 전통이다. 뒤의 두 항목 가운데 전자에는 유전학이라는 이름을 붙일 수도 있겠고 후자엔 세포 연구나 미시생물학이라는 간판을 걸 수 있겠지만 둘 다 딱 적절한 것 같진 않다. 흥미로운 것은 생명에 관한 이런 세 가지 방향의 관심이 처음엔 서로 독립된 상태로 발달했다는 사실이다.

다윈의 진화론에서 이야기를 다시 이어보자. 다윈이 파악한 진화의 바탕에는 '변이'가 있었다. 그러나 변이가 중요한 의미를 지니는 배경에는 자녀가 부모를, 그리하여 후손이 조상을 닮는다는 평범하면서도 오묘한 자연의 규칙성이 있다.[1] 이렇게 보면, 형질의 대물림 즉 유전 현상에 대한 이해는 진화의 역사에 관한 이해와 밀접하게 연관되어 있을 수밖에 없다. 유전의 비밀은 더 복잡하다. 어째서 부모의 어떤 형질은 다음 대에 나타나고 다른 형질은 유전되어 나타나지 않는가? 21세기의 과학 상식을 가진 우리는 '유전' 하면 벌써 DNA 염기서열을 떠올릴는지 모르겠다. 그러나 그런 연결은 전혀 당연한 것도 아닐 뿐만 아니라 (21세기의 과학자에게도!) 아직 대답하고 풀어야 할 문제가 많은 주제 영역이다. 거시적인 수준에서 자연의 변화를 설명하는 진화론과 세대간의 형질 관계를 다루는 유전 이론, 그리고 생명체의 구조와 상태를 세포 또는 그보다 더 작은 크기의 현상 영역에서 고찰하는 미시생물학은 오늘날 서로 유기적인 관계 속에 연결되어 있지만, 처음부터 그런 것은 아니었다.

부모의 생김새나 이런저런 특성이 자식에게 대물림되는 것은 당연한 일 같기도 하지만 어떻게 보면 신비롭기도 하다. 또 부모의 생김새나 성격 가운데 자식은 아비를 닮기도 하고 어미를 닮기도 하지만 이런저런 특성을 섞어가며 닮기도 한다. 눈썹은 아버지를 빼닮았는데 콧날은 어머니를 닮은 자식처럼 말이다. 또 이따금 부모와 영 딴판인 듯싶은 자식이 태어나기도 한다. 어째서 이런 일이 일어나는 것일까?

1 만약 자손의 형질이 일반적으로 조상의 그것들과 전혀 무관하게 엉뚱한 양상으로 나타난다면 다윈의 진화론은 물론이고 생명 현상에 대한 탐구 전체가 지금과는 전혀 다른 모습을 띠게 되었을 것이다.

_멘델의 유전 연구

유전 현상에 대한 탐구가 학문적으로 체계화되는 과정을 논할 때 우리는 그레고어 멘델(Gregor Mendel, 1822~1884)의 공헌을 강조하지 않을 수 없다. 그는 생물학 교과서마다 빠짐없이 소개되는 그의 다양한 실험을 토대로 유전 현상을 탐구하여 유전학의 기본이 된 법칙들을 정리해냈고, 우성(dominant) · 열성(recessive) 그리고 표현형(phenotype) · 유전형(genotype) 같은 개념들을 정립했다. 이것들은 유전학에서뿐만 아니라 생물학 전체의 범위에서 보더라도 핵심적인 개념들이다.[2]

표현형이란 표현된 형질 즉 콩깍지의 색깔이나 머리카락의 모양처럼 관찰 가능한 형태로 드러난 특성을 가리키고 유전형이란 표현형을 낳는 배후의 유전적 조성을 가리킨다. 유전형에 대한 서술이 깔끔하지 못하다고 느꼈다면 필자의 탓만은 아니다. 멘델은 표현형의 배후에 그것을 그렇게 만드는 '어떤 물질적 구조'가 있다고 생각했고 그것은 자연스럽고도 올바른 생각이었지만, 그는 그 물질 구조의 정체에 관해 더 이상 밝혀내지 못했다. 거기서 한걸음 더 나아가는 데는 또 수십 년의 세월과 다른 많은 사람들의 기여가 필요했다.

멘델의 생존 연대가 대략 찰스 다윈의 그것과 겹친다는 점을 알아차릴 수 있었나? 그런데 두 사람은 동시대 인물이었을 뿐만 아니라 둘 다 생물학의 영역에서 중요한 활약을 펼친 인물이었음에도 불구하고 서로의 학문적 의미를 인식하지 못했다.[3] 뿐만 아니라 당시 어느 누구도 두 사람의 연구 성과를 하나의 틀 안에 묶어 볼 생각을 하지 못했다. 다윈은

2 '유전학(genetics)'이라는 명칭은 멘델의 작업을 발견하고는 그에게 매료되어 멘델의 업적에 대한 재평가를 통해 현대 생물학에 중요한 기여를 했던 영국의 생물학자 윌리엄 베이트슨(W. Bateson)의 창안물이고, 1905년쯤 처음 사용되었다.

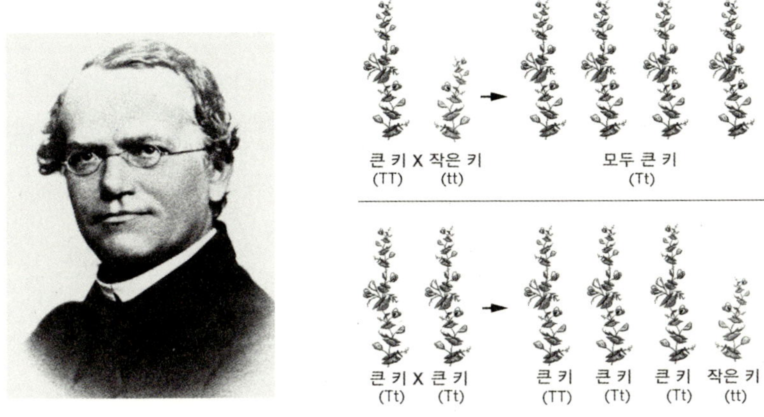

멘델과 그의 실험, 그리고 그의 해석

다윈 나름대로 진화를 구성하는 핵심적 요소인 세대간 형질의 유전에 대해 한 단계 더 그 세부 메커니즘을 규명하는 작업으로 나아가지 않았고, 멘델은 멘델대로 유전 이야기의 거시적 함의에 관해 마음을 쓰지 않았다.

과학자는 눈앞에 드러난 바를 중시한다. 실제로 과학자의 사색은 거기서 출발하는 경우가 많다. 하지만 그녀가 성숙한 과학자라면 단발성의 관찰이나 한두 차례의 실험이 항상 믿을 만한 결론을 가져다주는 것은 아니라는 사실을 이미 몸으로 알고 있다. 그렇기 때문에 그녀는 섣불리 결론을 내기 전에 이 실험에 걸려 있다고 생각되는 다양한 변수들을 힘닿는 대로 조절해 가면서 문제의 현상 영역에 대한 폭넓은 자료를 구할 것이다. 그리고 그런 자료가 확보되었다고 생각되면 그녀는 '현상을 구하는 사색'에 몰두하게 된다. 때로는 눈앞에 드러난 현상을 설명하기 위해서 눈으로 확인할 수 없는 대상이나 작용을 가정하기도 한다. 목표는 주어진 현상을 설명해 줄 수 있는 어떤 일반적인 원리나 자연의 특성

3 멘델은 1866년 발표된 자기 논문의 사본을 유럽 곳곳의 생물학자들에게 보냈는데 그 수신자 가운데 찰스 다윈이 포함되어 있었다. 하지만 다윈은 멘델의 논문을 제대로 들추어보지도 않은 것으로 추정된다. (로빈 헤니그, 『정원의 수도사』, 11장.)

을 찾는 일이다. 이 일은 '찾는' 일이기도 하고 '만드는' 일이기도 하다.[4]

노란색 껍질의 콩과 초록 껍질의 콩을 교배했을 때 첫 세대에서 전부 노란색 콩만 나왔던 일이나 그렇게 해서 얻은 노란색 콩끼리 교배했을 때 1세대에서 사라져 버린 듯 보였던 콩껍질의 초록색이 전체의 4분의 1 정도의 비율로 다시 나타난 일, 멘델은 이런저런 다양한 유전 현상에 매달렸다. 그는 실험하고 관찰했을 뿐만 아니라 그런 과정을 통해 얻은 경험적 귀결을 합리적으로 설명하기 위해 고심했다. 대립 형질(예컨대 줄기의 큰 키와 작은 키), 우성, 열성 같은 개념적 장치는 바로 이런 고심의 결과인 것이다. 콩줄기의 키에 관한 교배 실험 결과의 해석 과정에서 TT, Tt, tt 등으로 표시된 유전형은 직접 눈에 보이지 않는다. 그러나 멘델은 그런 유전형의 존재와 그들 사이에 작동하는 일정한 메커니즘을 가정함으로써 눈앞에 드러난 표현형의 규칙성을 합리적으로 설명해낼 수 있었다. 과학자들은 현상으로부터 직접 가시적인 공통 분모를 추출하는 방식으로 전진하기도 하지만 이렇게 그 자체로는 직접 증명되지 않는 경우라도 주어진 현상들을 포괄적으로 설명하는 힘을 기준삼아 이론을 채택하기도 한다.

현대 생물학의 토대를 구성하는 나머지 한 요소는 생명체의 미시적 구조를 탐구하는 전통이다. 이 전통의 뿌리는 그리 깊지 않다. 최대한 길게 잡는다 해도 300년 정도일 것이다. 현미경은 망원경이 등장한 직후였던 17세기 초에 세상에 나왔고, 뉴튼과 광학 분야에서 열띤 경쟁을 벌였던 로버트 후크는 현미경을 가지고 코르크 조직을 관찰하고 조그만 방들과 같은 구조를 발견하고는 수도사들의 조그만 방을 가리키는 말 'cellula'에서 딴 'cell'이라는 이름을 붙였

4 과학 법칙들은 '발견된다' 고 하는 편이 옳을까, 아니면 '구성된다' 거나 '만들어진다' 고 해야 옳을까? 또 이 물음에 대한 대답은 어떤 법칙이냐에 따라서 달라질까? 필자는 앞에서 멘델이 유전 법칙들을 '정리해냈다' 고 표현했는데 거기엔 이런 고민이 감추어져 있었다.

다. 그는 『현미경학(*Micrographia*)』이라는 책을 내기도 했다. 그러나 당시의 기술이 만들어낼 수 있었던 현미경으로는 세포의 구조나 세포내 기관 수준의 미시 세계를 관찰할 수가 없었다. 세포의 세부 구조를 관찰하는 수준의 현미경과 관찰 기법에 도달한 것은 공교롭게도 바로 다윈과 멘델의 시대인 19세기에 이르러서였다.

그런데 우리는 근대 과학의 발달 과정에서 탐구의 도구에 걸린 기술적 한계의 문제 말고도 또 한 가지 배경을 눈여겨볼 필요가 있다. 아리스토텔레스 학문의 전통 속에서 생명체에 대한 탐구는 그것을 관찰하고 서술하고 분류하고 현상의 원인을 설명하는 일들을 포함했지만, 대상을 '자르는' 일은 그 안에 포함되어 있지 않았다. 아리스토텔레스 전통 안에서 관찰은 적극적인 개입이나 조작을 동반하지 않는, 즉 대상을 있는 그대로 놔둔 채 들여다보는 활동이었다. 우리는 '생물학' 하면 먼저 현미경으로 프레파라트 속의 대상을 관찰하는 생물학자의 모습을 떠올리고 세포, DNA, 유전자 같은 개념들을 떠올리지만 그것은 당연한 일은 아니다. 생명체로부터 그것을 이루고 있는 조직을 떼어내고 다시 그것을 현미경으로 들여다보면서 세포 수준에서 탐구하는 것이 생명체에 대한 가장 깊이 있고 정확한 탐구 방법인가? 오늘날의 입장에서는 대강 그런 것처럼 보이지만, 그것은 적어도 자명한 일은 아니다. 아리스토텔레스적 전통의 눈으로 본다면 그것은 오히려 탐구 대상의 파괴와 왜곡을 초래하는 방식이었고, 따라서 정당한 진리 탐구의 방법이 아니었다.

하지만 이런 상황은 근대에 진입하면서 뚜렷이 바뀌어 갔다. 특히 프랜시스 베이컨(F. Bacon)은 『신기관(*Novum Organum*)』(1620) 같은 저서를 통해 자연으로 하여금 그 본성을 실토하게끔 만드는 적극적인 탐구의 방식을 제안하고 있었다.[5] 아리스토텔레스 전통에서의 관찰이 관조(觀照)의 의미에 가까운 소극적인 관찰이었다면 베이컨의 그것은 적극적인 관찰이었고, 입력 변수들을 조절해 가면서 출력의 변화를 살피는 근대적 의미의 실험이었다. 근대인은 자연을 탐구하기 위해 그것에 적극적으로 진입해 들어가는 존재가 되어가고 있었다.

_유전학이 세포 연구와 연결되다

1830년대 말 독일 생물학자 슐라이덴(Matthias J. Schleiden)과 슈반(Theodor Schwann)은 각각 식물과 동물 신체의 미시적 구조에 대한 연구를 토대로 모든 식물과 동물이 그 종류나 몸의 부분에 상관없이 모두 세포로 구성되어 있다고 발표했다. 식물 세포에는 동물 세포에 없는 세포벽이 있는 점을 비롯하여 동물과 식물 사이에 몇 가지 뚜렷한 차이가 있었지만, 뭍에 사는 짐승과 물속에 사는 짐승 그리고 날짐승 사이에 세포 구조의 근본적인 차이는 없었고 그것은 식물의 영역 안에서도 마찬가지였다. 세포 구조에 나타나는 이런 강한 유사성은 생명의 다양성 그 밑바닥에 다시 어떤 통일성이 존재한다는 사실을 시사한다는 점에서 흥미롭다.

19세기 중반 이후 현미경을 통한 미시적 탐구는 가속되었고, 더 나은 현미경을 제공하는 광학 기술의 발달도 이와 나란히 이루어졌다. 생명 현상 탐구의 중심은 한 걸음 한 걸음씩 더 미시적인 세계로 옮아가고 있었다. 다윈과 멘델이 사망하던 무렵 염색체(chromosome)가 발견되었다. 염색체는 사실 우리 대부분에게 익숙한 대상이다. 과학을 별로 좋아하지

5 "자연의 비밀도 제 스스로 진행되도록 방임했을 때보다는 인간이 기술로 조작을 가했을 때 그 정체가 훨씬 더 잘 드러난다"(『신기관』, 제1권, 문단 99).

않았던 사람이라도 학교에서 세포 분열에 관해 배울 때 교과서에 나왔던 전기·중기·후기·말기 이렇게 네 단계의 그림을 어렴풋이 기억해낼 수 있을 것이다. 그렇게 표현된 세포 분열 과정에서 핵심적인 구실을 하는 것은 세포 분열 중기에 분열될 세포의 한가운데에 짝을 지어 늘어서는 지렁이 모양의 부분인데, 지렁이처럼 생긴 이 부분이 바로 염색체다. 염색체는 평소에는 그런 형태를 띠고 있지 않지만, 체세포 분열이나 생식 세포를 만들기 위한 감수 분열을 할 때 점점 굵직하고 뚜렷한 지렁이 모양을 한 구조물의 모습을 드러낸다.

흥미로운 것은 같은 종에 속한 개체들에서는 이 염색체의 수가 모든 세포에서 일정하다는 사실이다. 인간의 몸은 십조 개를 넘는 세포로 구성되어 있는데, 어느 세포에나 똑같이 23쌍의 염색체가 들어 있다. 염색체의 개수뿐만이 아니다. 염색체들은 다양한 길이와 형태를 갖고 있는데, 이런 길이와 형태의 분포 역시 몸의 모든 세포에서 일치할 뿐만 아니라 사람과 사람 사이에도 거의 완벽한 일치를 나타낸다.

생명 현상에서 염색체가 지니는 의미에 주목했던 학자들 가운데 독일의 생물학자 테오도어 보베리(T. Boveri)와 미국의 젊은 의학도 서턴(Walter Sutton)이 있었다. 이들은 서로 독자적으로 일찍이 멘델이 말했던 유전인자, 부모로부터 자식에게 전달되면서 표현형 수준에서의 유전 현상을 낳는 배후의 물질이 염색체 위에 존재한다는 견해를 발표했다. '염색체 유전 이론'이라고 불리는 그들의 견해는 옳았고, 이후 생물학 발달의 중요한 발판이 되었다.[6] 염색체를 주제 삼아 탐구하기 시작한 생물학자들은 점점 더 깊이 미시적인 세계로 진입해 들어갔다. 그것은 생명 현상에서 미지의 영역을 점점

6 1900년대 초에 발표된 이들의 견해를 오늘까지지도 '서턴-보베리의 염색체 (유전) 이론(Sutton-Boveri chromosome hypothesis)'이라고 부른다.

더 줄여나가는 전진이기도 했다.

서턴과 보베리의 이론은 앞서 언급한 현대 생물학의 세 요소 가운데 둘을 연결시켰다. 그러나 아직 다윈의 진화론은 연결되지 않은 상태였다. 이 문제에 주목한 사람은 미국의 토머스 헌트 모건(Thomas H. Morgan)이었다. 왓슨은 이 상황을 이렇게 묘사한다. "모든 사람이 서턴-보베리 이론을 받아들인 것은 아니었다. 모건도 회의적이었다. 그는 현미경으로 염색체들을 들여다보았지만 그것들이 어떻게 해서 각 세대에 걸쳐 일어나는 모든 변화를 설명할 수 있다는 것인지 이해가 되지 않았다. 만일 모든 유전자가 염색체 위에 배열되어 있고 모든 염색체가 온전히 다음 세대로 전달된다면, 형질들도 함께 [온전히] 대물림될 것이다. 하지만 경험에서 얻은 증거들은 그렇지 않다고 말하고 있었으므로, 염색체 이론은 자연에서 볼 수 있는 변이를 제대로 설명하지 못하는 듯했다."[7] 그렇다, 문제는 변이를 설명하는 일이었다. 염색체 이론을 통해서 자식이 부모를 닮는 이유는 설명할 수 있었지만 왜 부모 가운데 어느 쪽에도 없는 형질이 종종 발현되는지는 설명할 수가 없었다. 그리고 변이를 설명할 수 없다면 다윈의 진화론을 포섭하는 일은 불가능했다.

_모건, 초파리로 돌연변이의 비밀을 풀다

모건은 실험을 통해서 이런 문제 상황을 타개해 보려고 했다. 그는 오늘날 생물학 실험에서 가장 친숙한 대상 가운데 하나로 자리잡은 초파리(*Drosophila melanogaster*)를 가지고 학생들과 함께 다

7 제임스 왓슨, 『DNA : 생명의 비밀』, 26쪽.

양한 실험에 몰두했다.[8] 초파리의 유전에서 발견되는 여러 종류의 돌연변이를 관찰하던 모건은 생식세포가 만들어지는 과정에서 염색체가 끊어졌다가 재편되는 현상을 밝혀냈다. 이것은 자녀의 유전자가 부모 각각이 가진 것과 다른 방식으로 재조합될 수 있음을 의미하는 중요한 발견이었다. 더 미시적인 수준에서 말하자면 이것은 DNA 분자 위에 배열된 염기들의 순서가 뒤섞이면서 부모 가운데 어느 편의 염색체상에도 존재하지 않았던 염기배열의 토막들이 생겨날 수 있다는 사실을 설명해 주었다. 모건의 발견은 '변이'의 미시적 메커니즘을 설명할 수 있는 중요한 열쇠를 제공했고, 그리하여 이미 서로 연결되어 있던 유전학과 세포 연구에 다윈 진화론을 연결하는 다리 역할을 했다.[9]

모건 이외에도 미시적 수준과 연결된 유전학을 다윈 진화론과 결합하는 일에는 20세기 초에 네덜란드의 드브리스(Hugo de Vries), 덴마크의 요한센(Wilhelm Johannsen), 그리고 베이트슨과 모건 등 여러 학자들의 공헌이 필요했다. 이들은 특히 돌연변이(mutation)에 대한 연구를 통해서 세대간에 걸쳐 일어나는 변화의 규칙성과 그 이유를 차츰 밝혀냈다. 이 과정에서 진화의 메커니즘에 관한 다윈의 아이디어는 부분적으로 수정되었고, 생물학은 1930~40년대에 완성되었다고 평가되는 '현대판 진화론 종합설(Modern Evolutionary Synthesis)'을 향해 전진해 갔다.[10]

8 모건 이전에도 초파리는 생물학 실험에 사용되었지만 그것을 생물학 연구자들에게 그토록 친숙하고 대표적인 실험 대상으로 만든 것은 모건이었다고 해도 과언이 아닐 것이다.

9 또한 유전자 재조합에 관한 모건의 연구는 최근까지 수행된 인간게놈프로젝트에서 유전자의 위치를 확인하는 기본적인 방법의 토대를 제공했다.

10 공통적으로 이들의 주된 방법론은 창의적이면서도 치밀하게 계획된 실험과 끈질긴 관찰, 그리고 그런 경험적 탐구의 결과에 의지하면서 기존 이론의 권위에 속박받지 않는 열린 토론이었다. 과학의 분야를 막론하고 이런 탐구 메커니즘은 과학에 객관성(客觀性)이라는 중요한 힘을 부여하는 열쇠가 되어 온 것으로 보인다.

생명 현상을 물리학과 화학으로 설명할 수 있을까? : 생명과학과 물리과학의 관계

14

생명을 지닌 것 즉 유기체(organism)에 대한 연구는 오랫동안 생명 없는 물리적 대상에 대한 연구와는 다른 관점과 탐구 방법을 지닌 별도의 영역으로 존립해 왔다. 그리고 그것은 자연스런 일이었다. 그러나 20세기 특히 그 후반부가 보여준 생물학의 발전 양상은 이런 독립성의 의미를 근본적으로 재고하게 만드는 것이었다. 오늘날엔 적지 않은 학자들이 "어쩌면 생명과학이 물리과학으로 환원가능한(reducible) 영역일는지도 모른다"고 생각한다. 여기서는 생명과학과 물리과학의 관계를 둘러싼 다양한 견해를 들어가면서 자연과학을 구성하는 두 주요 영역간의 관계를 검토해 보기로 하자.

_기계론과 생기론

사람들은 오랫동안 생명 현상이 물리적인 현상과는 별도의 독립된 영역을 이룬다고 생각했다. 그리고 이런 경향은 생기론(vitalism)이라는 입장을 낳았다. 생기론은 생명체에만 내재하는 어떤 고유의 힘에 대한 믿음을 깔고 있었다. 이런 힘은 '엔텔레케이아(entelecheia)', '생명력(Lebenskraft)', '엘랑 비탈(elan vital)' 등의 개념으로 표현되었다. 역사적으로 뿌리를 거슬러 올라가자면 생명 현상에서 목적인이 중요한 결정력을 지닌다는 점을 강조했던 아리스토텔레스를 만날 수 있겠지만, 생명체의 고유한 힘 혹은 생명 현상의 어떤 특이성에 대한 믿음은 특정한 사상가의 주장이라기보다 고대로부터 지역을 막론하고 자연스럽게 퍼져 있었던 현상이었다. 또 이와 같은 믿음은 고대 그리스 같은 먼 과거에만 존재했던 것도 아니다. 오늘날에도 '생명의 신비'라는 표현은 결코 생소하지 않다. 그리고 '생명은 신비로운 것'이라고 말할 때 우리는 생기론자들의 입장과 상통하는 어떤 직관을 받아들이고 있는 셈이다.

주목할 만한 현대 생기론자로는 20세기 초에 활약했던 드리쉬(Hans Driesch)가 있다.[1] 드리쉬는 생명체가 지닌 고유한 생명력 곧 엔텔레키(Entelechie)가 물리과학적인 관념으로는 표현될 수 없는 요소라고 보았다. 그러나 이런 견해는 적잖은 사람들의 눈에 비과학적인 (혹은 사이비과학의) 주장으로 비쳤다. 무엇보다도 그것은 어떤 계량적 실험을 통해서도 확인할 수 없는 주장이라는 약점을 지닌 것처럼 보였기 때문이다. 사실 드리쉬의 생기론이 등장했던 배경은 19세기 기계론의 목소리였다고 해야 옳을 것이다. 생명 현상이 물리적인 운동과 화학적인 물질 변화의 범주로 포섭할 수 없

1 20세기 중반 이후로는 눈에 띄는 생기론자가 한 사람도 없다.

는 특이성을 지닌다는 견해와 생명체는 대단히 복잡할지언정 결국 정교한 기계 같은 것이어서 원칙적으로 물리적, 화학적 관점에서 설명되고 이해될 수 있는 대상이라는 견해는 역사적으로 여러 차례에 걸쳐 번갈아가며 제시되고 또 서로에 대한 비판의 형태로 등장했다. 이제 기계론이라는 표현 대신 그것을 포괄하는 더 일반적인 개념이라고 할 만한 '물리주의'라는 개념을 써서 상황을 그려보기로 한다. 여기서 물리주의란 생명 현상이 결국은 물리적 현상의 일종이라는 견해라고 보면 되겠다. 기계론에서 '기계'는 물리적인 현상을 대표하는 대상이었던 셈이다.

_19세기의 상황과 생기론의 이른 몰락

19세기의 대표적인 기계론자로는 뮐러(Johannes Müller), 리비히(Justus von Liebig), 그리고 뮐러의 제자였던 헬름홀츠(Hermann Helmholtz)와 뒤브와레이몽(Emil DuBois-Reymond) 등을 들 수 있다. 이들은 신경 작용을 전기적 · 물리적 관점에서 설명했고, 또 생명 현상 탐구에 정밀한 측정 기기들을 만들어 사용함으로써 생리적 현상을 물리학적 관점에서 다룰 수 있다는 주장을 뒷받침하는 효과를 낳기도 했다. 19세기의 기계론자들은 주로 '에너지'와 '운동'이라는 물리학의 개념을 가지고 생명 현상을 설명하려 했다. 예컨대 1880년대에 극단적인 기계론을 대변했던 빌헬름 루(Wilhelm Roux)는 유기체의 발생을 "에너지의 불균등한 분산이 야기한 다양성의 산물"이라고 해석했고, 뒤브와레이몽은 세계의 모든 변화를 "원자들의 운동에 의해 산출된 것"으로 규정하고 자연의 모든 변화를 위치에너지와 운동에너지를 가지고 설명하려 했다. 또 그는 그렇게 함으로써

"자연에서 진행되는 과정들을 원자들의 역학으로 환원"할 때 자연 세계에 대한 이해가 완성된다고 주장했다.

그러나 이와 같은 19세기 기계론자들의 문제점은 아직 물리학도 생물학도 충분히 발달하지 못한 상황에서 물리·화학적 개념들을 가지고 생명 현상을 설명하려 했고 이런 시도 속에 만들어진 주장들이 사실상 입증도 반증도 불가능한 것들이었다는 데 있다. 그들은 그럴 듯한 물리학적 개념들을 써서 설명을 시도하고 있었지만, 생기론자들이 '생기력(*vis viva*)' 같은 개념을 놓는 자리에 그것과 마찬가지로 명료한 분석이 결여된 '에너지'나 '원자의 운동' 같은 개념들을 대신 채워 넣고 있을 뿐이었다.

겉보기에는 오히려 생기론이 기계론보다 더 우세한 듯 보였다. 그러나 생기론은 기계론과의 대결에서 패배했고, 빠른 속도로 몰락했다. 1920년경에는 대부분의 생물학자들이 생기론을 한물 간 견해로 취급하고 있었고, 1930년쯤엔 생기론자임을 자처하는 생물학자를 더 이상 그 어디서도 찾아볼 수 없었다. 마이어는 이런 신속한 몰락의 원인으로 생기론이 과학적 이론이라기보다 형이상학적인 이론으로 받아들여졌던 점, 그리고 비물질적인 생기력의 존재를 입증하려던 생기론자들의 시도가 아무런 성공도 거두지 못한 점, 그리고 생기론자들이 내세우던 현상들을 설명해 줄 새로운 생물학적 개념들이 발달한 점 등을 든다. 그리고 이런 새로운 개념들을 제공한 것은 유전학과 다윈주의의 발달이었다.

_근접인과와 궁극인과 그리고 생물학의 특수성

마이어

20세기의 진화생물학을 대표하는 학자 중 한 사람인 동시에 1930~40년대에 이루어진 '진화론 종합(evolutionary synthesis)'[2]의 주역이기도 했던 에른스트 마이어는 생물학을 물리과학으로 완전히 환원하는 일이 불가능하다고 본다. 간추리자면, 그 불가능성의 가장 명백한 이유는 생물학이 궁극인과 혹은 진화론적 인과를 문제삼는 가운데 근본적으로 역사과학의 성격을 띠는 진화생물학을 포함하기 때문이다. 필자는 이와 같은 마이어의 견해가 온건하면서도 견고한 논증을 구성한다고 본다.

근접인과(proximate causation)와 궁극인과(ultimate causation)라는 개념을 설명하기 위해 마이어 자신이 드는 예를 살펴보자. "몇 마리의 산솔새가 작년 8월 25일 밤에 북미 대륙의 어느 온화한 지역으로부터 남쪽으로 이동을 시작했다. 이 이동의 원인은 무엇인가?" 근접인과는 "이 새가 계절에 따르는 일조량의 주기적 변화와 더불어 이주를 하는 특정 종에 속하고, 8월 말쯤에 일조 시간이 특정한 문턱값 아래로 떨어지기 때문에 생리적으로 이주할 채비가 되어 있었던 데다가 마침 그날밤 바람 · 기온 · 기압 등 기상 조건 역시 출발에 적합했기 때문"이라고 설명한다. 그러나 같은 지역 숲 속에 사는 부엉이나 동고비는 동일한 일조량의 조건하에 놓여 있었고 똑같은 날씨

2 이 개념에 대해서는 Mayr(1982), pp. 566-70쪽이 과학적 · 역사적 관점에서 간명하고도 친절한 설명을 제공한다.

속에 있었음에도 불구하고 남쪽을 향해 날지 않았다. 사실 이 종에 속하는 새들은 계절에 따라 이주하지 않고 한 해 내내 그 지역에 머물러 산다. 그렇다면 산솔새처럼 계절에 따라 이주하는 종과 한군데 머물러 사는 종 사이에는 앞에서 설명한 것과 다른, 두 번째 인과성의 묶음이 존재해야 한다. 그것은 바로 수천 년, 수백만 년에 걸쳐 이루어진 진화의 결과로 획득된 유전형(genotype)이 문제의 개체군 혹은 종이 이주성인지 아닌지를 결정하고 있기 때문에 벌어지는 일이다.

근접원인이란 각각의 유기체나 그 몸의 각 부분의 기능에 직접 영향을 미치는 인과적 요소들을 가리킨다. 위의 예에서 일조량이나 한낮의 기온 등은 여기에 해당한다. 한편 궁극원인을 규명한다는 것은 유기체나 그것이 속하는 종이 왜 그런 형태나 특성을 갖도록 진화해 왔는지를 설명하는 일을 뜻한다. 이것은 다시 말하자면 특정한 유전 프로그램의 기원과 역사를 설명하는 일이다. 근접인과-궁극인과라는 개념쌍을 두고 마이어는 생물학에서 양자를 균형 있게 포괄하는 일이 중요하다는 점을 강조한다. 쉬운 일은 아니다.

> 유감스럽게도 생물학은 지난 130년 동안의 역사 속에서 생물학적 현상을 오로지 이 두 가지 인과성 가운데 어느 한 쪽으로만 설명해 왔다. [그리하여 근접원인을 추적하는] 실험주의자라면 발생이 전적으로 배아 발달의 생리학적 과정에서 기인한다고 말할 것이고, [궁극원인 또는 진화적 원인을 중시하는] 진화생물학자들은 그저 물고기의 알은 물고기로, 개구리의 알은 개구리로 자랄 뿐이라고 말할 것이다.[3]

마이어는 생물학을 이루는 여러 영역들이

3 마이어, 『이것이 생물학이다』, 192쪽.

저마다 이 두 종류의 인과 가운데 주로 어느 한편에 주목하는 가운데 고도의 자율성을 가지고 존립하고 있다고 말한다. 예컨대 생화학이나 세포생리학 같은 분야에서는 근접인과가 문제가 된다. 반면에 진화생물학에서는 궁극인과가 관심의 중심에 놓인다.

궁극인과 즉 진화적 인과에 대한 탐구는 어째서(why) 이 생물종이 그와 같은 특성을 지니게 되었는지를 '유전 프로그램'의 관점에서 설명하려 하는 한편, 근접인과에 대한 탐구의 과제는 특정 유전 프로그램이 구체적인 개체에서 어떻게(how) 발현되어 어떤 표현형을 만드는가 하는 물음이다. 이처럼 두 물음의 영역은 '유전 프로그램'이라는 접합점을 통해 서로 이어져 있기도 하다. 그러나 두 종류의 물음은 서로 다른 특성을 지니고, 그것을 다루는 접근 방식에도 뚜렷한 차이가 있다. 이런 상황에서 사람들은 종종 생물학이 그 중 어느 한 쪽 주로 많은 성과를 내고 떠들썩한 문제 영역으로만 이루어져 있다고 생각하기도 하지만, 그것은 생물학 전체의 성격을 잘못 파악한 단적인 오해일 뿐이다.

생물학의 분야에 따라 탐구의 과정에서 어느 한 편에 무게가 실리는 것은 자연스런 현상이지만, 우리는 두 원인의 측면이 모두 규명될 때에야 비로소 완전한 생물학적 설명이 주어질 수 있다는 사실을 분명히 인식해야 한다. 생명과학과 물리과학 간의 관계에 마이어의 견해를 적용해 본다면, 생물학적 진술들을 물리과학의 명제들로 환원하는 일은 근접인과에 관한 한 가능할지 모르지만 궁극인과의 영역에서는 불가능하다고 할 수 있다. 다시 말해 궁극인과를 규명하는 일은 물리과학적 지식으로 환원될 수 없는 생물학적 탐구의 고유한 과제로 남으며, 여기서 생물학 고유의 자율성이 한 차례 확연히 드러난다.

_현대 생물학의 환원주의적 경향

이로써 생명 현상은 물리과학적 접근 방식으로는 결코 완전히 설명할 수 없는 고유의 영역을 이루고 있다는 사실이 증명된 것인가? 궁극인과에 관한 마이어의 논변은 상당히 설득력이 있지만 진화생물학자의 견해라는 점에서 조금은 감가상각을 해서 들어야 할지도 모른다. 실제로 20세기, 특히 1950년대 이후 생물학의 상황을 관찰한다면 오히려 '환원주의(reductionism)'라고 부를 만한 방법론이 생명 현상의 탐구를 폭넓게 지배했다는 인상을 받게 된다.

여기서 말하는 환원주의란 어떤 대상을 탐구할 때 그것의 부분들에 대한 탐구를 통해서 전체를 이해하는 접근의 방식을 의미한다. 환원주의는 전체를 알려면 먼저 부분을 알아야 하며, 부분들을 이해하게 되면 자연히 전체를 이해하게 된다고 믿는다. 앞에서 화학과 물리학의 관계를 다룰 때 우리는 분자의 형성과 구조에 대한 지식을 그 분자를 구성하는 원자에 대한 정보로부터 추론할 수 있다는 사실을 보았다. 이것은 화학의 영역에 환원주의가 적용된 예라고 할 수 있다. 화학의 대상인 분자와 물리학의 몫인 원자 사이에는 전체-부분의 관계가 성립하기 때문이다.

우리는 생명 현상에 대한 이해의 맥락에서도 은연중에 이미 환원주의에 공감하고 있다. 예를 들어보자. 우리 몸의 건강 상태를 점검하기 위해 흔히 하는 일 가운데 하나는 혈액을 채취해 검사하는 일이다. 그런데 혈액은 우리 몸의 아주 작은 일부분이기도 하거니와, 그 혈액으로 건강을 가늠하는 과정은 대부분 화학적인 방식 즉 혈액을 구성하는 성분들을 분석하거나 때로 혈액을 현미경으로 들여다보는 일로 이루어진다. 이것은 몸 전체의 상태를 파악하려면 몸을 구성하는 작은 부분들의 상태와 작동을 미시적 수준에서 검토해야 한다는 것을 뜻한다. 우리 중에 "몸의 건강 상태를 알아달라는 데 왜 피는 뽑고 또 그걸 왜 현미경으로 들여다보세요?" 라고 심각한 의문을 제기할 이가 있을까?

_DNA, 염기배열, 가타카

이러한 환원주의적 접근의 대표적인 사례는 DNA 연구에서 발견된다. 과학을 잘 모르는 사람이라도 DNA라는 이름은 들어보았을 것이고, 생물학 하면 제일 먼저 떠오르는 낱말 가운데 하나가 DNA일 것이다. 최근 RNA 연구가 부상하고 있기는 하지만 여전히 DNA는 생명과학의 가장 인기 있는 연구 주제다. 그도 그럴 수밖에 없다. 생명체의 수많은 형질(trait)들을 결정하는 것이 바로 이 부분이라는 사실이 밝혀졌기 때문이다.

그런데 이 책의 앞에서도 이미 여러 번 거론된 바 있는 이 DNA(deoxyribo-nucleic acid)는 염색체를 구성하는 엄청나게 길고 거대한 분자다. 우리 몸을 이루고 있는 세포마다 들어 있는 23쌍의 염색체 그것을 더 자세히 들여다보면 비비 꼬인 가늘고 엄청나게 긴 사다리 모양의 DNA 분자를 만나게 될 것이다. 보통 '이중나선(double helix)' 이라고 불리는 이 구조는 1953년 왓슨(James D. Watson)과 크릭(Francis Crick) 두 사람에 의해 밝혀졌다.

그런데 현미경으로도 보기 어려울 만큼 작은 이것이 어떻게 나의 생물학적 형질을 결정한다는 말인가? 20세기 생물학은 DNA가 아데닌(A), 구아닌(G), 시토신(C), 티민(T)이라는 이름을 가진 네 종류의 염기(base)들로 이루어져 있다는 것과 DNA 위에 이 염기들이 어떤 순서로 배열되어 있는가에 따라 생명체의 형태와 선천적 성질들이 좌우된다는 사실을 알아냈다. 우리가 유전자(gene)라고 부르는 것은 염기들의 특정한 배열 패턴으로 구성된 DNA의 한 토막을 가리킨다. 가상의 예를 들어보자. 만일 인간의 8번 염색체를 이루고 있는 DNA상의 특정한 위치에 ……-G-A-T-T-A-C-A-…… 이런 염기 배열 부분이 있고 이런 토막을 가진 사람들이 하나같이 '가타카'라는 (가상의) 질병에 대해 아주 높은 발병 확률을 나타낸다면 8번 염색체의 그 부분을 '가타카 질환 유전자'라고 규정할 수 있을 것이다.

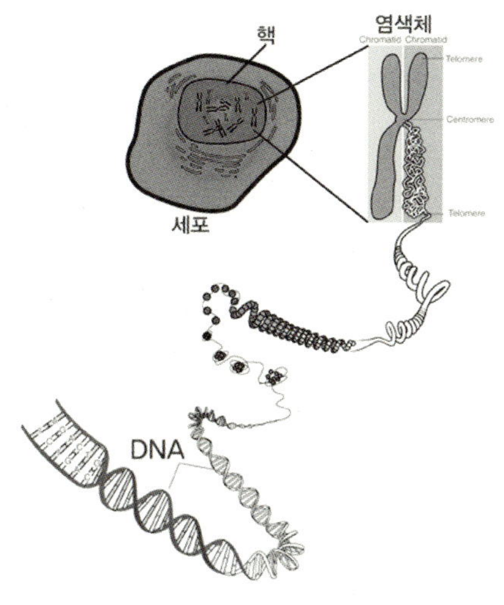

세포 - 염색체 - DNA

인간의 몸은 약 10조 개의 세포를 가지고 있고 모든 세포는 각각 23쌍의 염색체를 갖고 있지만, 그 염색체들을 이루는 DNA의 염기 배열은 원칙적으로 모든 세포에서 동일하다. 그런 까닭에 DNA의 염기 배열은 몸 전체에 걸쳐 형질들을 조절하는 설계도의 역할을 할 수 있는 것이다. DNA의 위상을 왓슨은 이렇게 표현한다.

> DNA 분자를 이루고 있는 염기들 A, T, G, C의 배열 순서 차이가 단백질의 아미노산 순서에서 차이를 낳고, 단백질은 생명 활동을 조절하는 핵심 분자다. 따라서 DNA는 단백질을 통해 세포 그리고 생명체 전체를 통제하는 마법을 부리는 셈이다.[4]

4 『DNA: 생명의 비밀』, 39쪽.

DNA의 세부 구조

이제 우리는 어떤 점에서 현대 생물학이 환원주의적 경향을 띠는지 적어도 DNA를 화두로 삼아 말할 수 있다. 현대 생물학은 인간뿐만 아니라 다양한 유기체의 형질들을 그 유기체를 이루는 미시적 부분인 DNA 분자의 염기 배열에서 읽기 시작했다. DNA에 새겨진 형질의 범위는 아직 명확하지 않다. 피부색이나 머리카락의 곱슬 정도는 물론이고 여러 가지 질병에 대한 저항력이나 발병 성향 같은 항목도 포함된다. 심지어 신체적 특성뿐만 아니라 정신적 특성 가운데서도 DNA 염기 배열에 새겨져 있는 항목들이 있다고 추정된다. 최근까지 토론의 대상이 되고 있는 '게이 유전자'의 경우나 특정한 폭력성을 낳는 유전자에 관한 이야기는 우리가 DNA라는 분자로부터 읽어내게 될 메시지의 범위가 생각보다 한층 더 넓을 수도 있음을 암시한다.

생명의 비밀이 DNA 분자의 미시적 구조에 담겨 있다면 생물학자는 분자 수준을 탐구하고 다룰 수 있는 능력을 필요로 할 것이다. 그것은 화학이 제공하는 능력이다. 실제로도 오늘날의 생물학도는 화학을 배우지 않고서는 전문가가 될 수 없고, 화학 전공자 못지않은 화학 실력을 갖추지 않고서는 훌륭한 생물학자가 되기 어렵다. 이제까지는 생물학과 화학, 그리고 화학과 물리학 사이에서 밀접한 상호작용이 진행되어 왔지만 앞으로는 생물학과 물리학 간의 직접적인 소통과 협력이 더욱 활발해지지 않을까 추측해 본다.

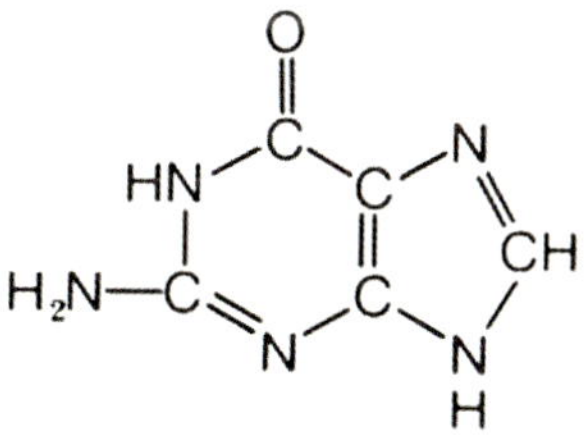

Guanine (G)

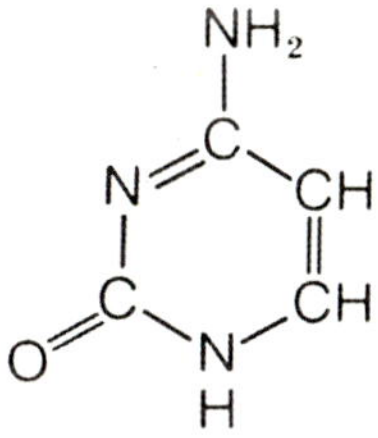

Cytosine (C)

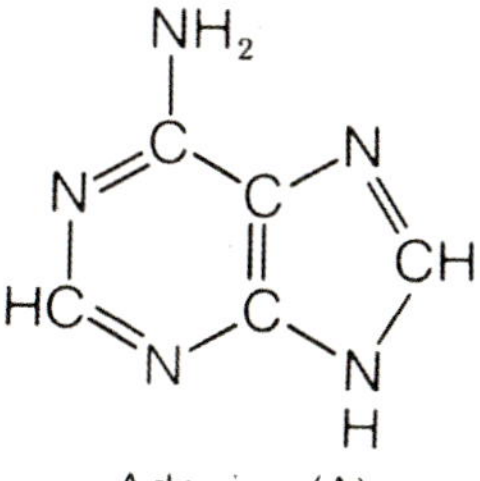

Adenine (A)

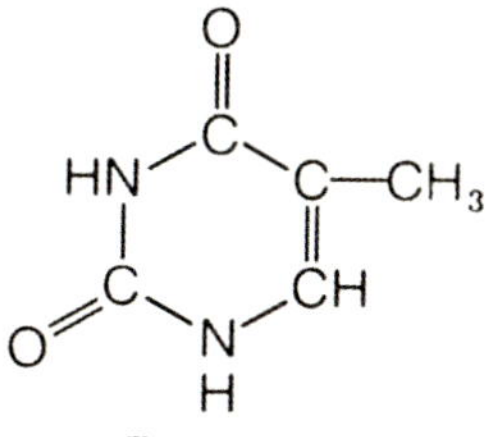

Thymine (T)

네 가지 염기 A, T, G, C의 구조

물론 마이어가 지적한 근접인과 대 궁극인과의 문제 그리고 거시 생물학과 미시 생물학의 상보적 관계는 계속 검토되어야 할 것이다. 그러나 오늘날 학문이 움직여 가는 방향은 이런 다양성과 차이가 영역들간에 골짜기를 만들면서 분리를 심화하는 방향이 아니라 서로에게서 자기 영역의 문제를 바라보는 새로운 관점과 방법론적 힌트를 얻고 서로에게 점점 더 세련된 정보와 자극을 주면서 조금씩 더 거대하고 강력한 학문의 네트워크를 형성해 가는 방향이다.

인간이 가진 23쌍의 염색체를 구성하는 DNA는 총 30억 개 정도의 염기로 이루어져 있다. 인간의 생물학적 형질은 네 종류의 철자 A, T, G, C로 이루어진 30억 글자의 배열에 의해 좌우되는 것이다. 그렇다면 이 철자들의 배열을 알아내 보고픈 마음이 들지 않는가?[5] 실제로 이런 소망은 이미 실현에 옮겨졌다. 그것은 인간게놈프로젝트였다.

_인간게놈프로젝트와 ELSI

사람이 지닌 유전 정보의 총량을 해독해서 일종의 지도를 작성하겠다는 계획인 인간게놈프로젝트(Human Genome Project)는 1980년대 후반 수년 간의 준비 단계를 거쳐 1990년에 시작되었다.[6] 프로젝트의 계획과 진행을 주도했던 미국을 위시하여 여러 나라의 대학과 연구소 · 기업들이 이 연구에 참여했고, 막대한 예산과 인력이 투입되었다. 이 프로젝트는

5 물론 많은 사람들이 자신 또는 사랑하는 사람의 30억 글자 염기 배열을 알고 싶어하겠지만 개인적인 염기 배열 해독이 상용화되려면 아직 더 기다려야 한다. 인간게놈프로젝트는 여러 샘플들에 대한 조사와 통계 처리를 통해 사람들이 30억 개에 달하는 염기의 배열 가운데 대략 99.9%의 공통적인 일치 부분을 가지고 있음을 알아냈다.

2005년 완료 예정이었지만 관련 기술의 눈부신 발전에 힘입어 연구의 진척이 가속되면서 원래 계획보다 2년이 앞당겨진 2003년 4월에 완성된 연구 결과가 발표되었다. 20세기와 21세기를 이은 최대의 과학 연구 프로젝트라고 할 이 연구의 응용 가능성은 그야말로 무궁무진해 보인다. 인간게놈지도는 우선 의학적인 측면에서만 보더라도 질병의 진단과 예견의 방법을 획기적으로 개선시킬 것이고, 특히 유전병의 조기 발견과 유전자 치료 등에 결정적인 진보를 가져올 것이다.

그런데 이미 「가타카(GATTACA)」 같은 SF 영화에서도 암시되었던 것처럼 그 효용의 배후에는 여러 가지 문제점과 사회적 고민거리가 숨어 있기도 하다. 예컨대 어떤 회사에 고용되어 있거나 입사를 희망하는 사람의 유전 정보를 둘러싸고 피고용인 당사자와 고용주의 이해관계가 얽힐 때 이 정보에 대한 접근권과 사용권은 어떤 원칙에 따라 어떻게 관리되어야 하는가? 이런 문제 상황은 의료 보험이나 일반적인 보험 가입의 경우에도 발생할 것이다.

또 유전 정보가 특정 개인이나 집단에 대해 특정한 사회적 관념을 형성하게 하는 바탕이 될 수 있는 점, 유전자 치료가 유전적 비정상의 치료 및 예방에 사용된다고 할 때 정상과 비정상을 나누는 기준은 무엇인지 등 수많은 문제들이 과학적, 공학적 논의의 주변에 포진하고 있다. 또 만일 유전자 치료 기술을 응용해서 키를 크게 하거나 인체의 특정한 능력을 향상시키는 일이 가능하게 된다면 경제적으로 그런 비용을 부담할 수 있는 계층과 그렇지 못한 계층 간에 생물학적 불평등이 야기될 수 있을 것인데, 이는 생명공학 기술의 도입이 우리

---

6 'genome'은 'gene(유전자)'과 'chromosome(염색체)'를 합쳐서 만든 낱말로, 유전 물질의 총량을 가리키는 조어다. 우리말로는 '게놈'이라고 부르거나 '유전체'라고 옮긴다. 이 말을 처음 만들어 쓴 사람은 1920년 함부르크대학의 식물학자 빙클러(Hans Winkler)였다.

눈앞에 펼쳐놓을 수많은 거시적 변화의 요소 가운데 하나일 것이다.

인간게놈프로젝트는 전체 예산의 3~5%를 이 연구와 관련하여 야기되는 윤리적, 법적, 사회적 문제들을 조사하고 연구하는 이른바 ELSI(Ethical, Legal, and Social Implications) 연구 사업에 투자한다는 원칙을 수립했고, 이런 원칙은 오늘날 다른 대규모 과학 기술 연구에도 점차로 확장 적용되고 있는 추세다. 우리는 여기서 오늘날 자연과학과 공학에서 벌어지는 연구가 사회적, 윤리적인 문제들과도 밀접한 연관을 맺고 있다는 사실을 간파할 수 있다.

맺는 말 : 과학의 지형도를 그리며

_학제적 연구

이제까지 우리는 과학이라는 거대하고 복잡한 땅의 형성 과정과 그것을 구성하는 부분들간의 상호관계에 대해 이모저모를 살펴보았다. 이 책에서 우리는 자연과학에 논의를 국한했지만, 과학의 지형도는 자연과학의 경계를 넘어 그것에 이웃한 다른 영역의 지형도와 단절 없이 연결되며 펼쳐져 있다. 또 앞에서 이미 강조했듯이 중요하고 흥미로운 문제는 대개 여러 영역에 걸쳐서 일어나고, 따라서 그렇게 걸쳐진 접근을 통해서만 공략이 된다.

벌써 30여 년 전부터 전통적인 심리학의 범위를 넘어 인간의 정신 현상에 대한 폭넓은 연구를 수행하는 학제적 연구(interdiscip-linary study)[1]의 영역으로 발달해 온 인지과학(cognitive science)의 마당에서는 심리학 · 뇌과학 · 언어학 · 철학 · 전산학 · 신경생리학 등 다채로운 전문 분야들이 협력한다. 이것을 대학의 구조와 연결시켜 말하자면 인문과학 · 사회과학 · 자연과학 · 공학 · 의학 등 통상적으로 다섯 개 단과대학에 분포되어 있을 전문 분야들이 함께 매달리고 있는 형국이다. 오늘날과 같은 전문화의 시대에 가능하기는 한 일일까? 물론이다! 전문화와 학제적 상호작용은 상충하는 것이 아니라 서로를 강화하는 방식으로 보완하는 양항이다.

중요한 것은 이런 학제적 연구의 의의가 단지 문제의 규모나 다면성 때문에 요구되는 분업의 성격에 국한되지 않는다는 점이다. 그런 분업이라면 각 분야는 자기 전문성의 능력만 충실히 발휘하면 될 일이다. 그러나 전문 분야간의 상호 작용은 정보의 교류와 상호 학습 그리고 때로는 상호 비판을 통해서 서로 교류하지 않았더라면 결코 생기지 않았을 효과들을 낳는다.

진화생물학의 발달은 인간의 다양한 심리적 속성을 이해하는 중요한 관점을 제시하고, 컴퓨터공학은 정교한 시뮬레이션을 토대로 실험을 통한 검토가 불가능해 보이던 진화생물학의 주장들을 조금씩 경험적 테스트에 붙이는 길을 열고 있다. 이런 시뮬레이션의 논리적 측면에 대한 비판적 검토를 통해 더 합리적인 프로그램 개발에 기여하기도 하는 철학자들은 탐구의 기반에 놓인 '인과(causation)'나 '유사성(similarity)' 같은 기본 개념들을 분석함으로써 전체 작

1 '학제적(學際的)'이라는 말은, '국제적'이라는 말이 어느 한 나라에 국한되지 않고 여러 나라가 관련되어 그것들간(inter-)의 관계가 문제가 되는 사안을 가리키듯이 여러 학문 분야들간의 관계와 상호작용이 펼쳐지는 마당을 묘사하는 표현이다. '간(間)학문적'이라고 옮기기도 한다. 그러나 필자는 이 개념어가 여러 분야가 연루되고 그것들간의 관계가 문제가 된다는 점을 드러내기는 하지만 이질적 영역들이 만나는 접속 공간에서 벌어지는 적극적이고 역동적인 서로 배우기, 비판을 통해 서로 돕기, 그리고 내용적인 상호침투 같은 요소를 충분히 반영하고 있지 못하다는 점에서 불만족스럽게 여긴다. 이런 아쉬움은 영어 표현과 우리말 번역에서도 마찬가지다.

업을 하나의 통일된 개념적 기반 위에 올려놓는 작업에 중요한 기여를 한다. 두뇌의 각 부분이 하는 역할이나 국소적 두뇌 손상이 유발하는 징후에 대한 연구는 심리학과 언어학에 영향을 미칠 뿐만 아니라 인공적으로 지능을 구현해 보려는 공학적 시도에도 힌트를 준다. 한편 뇌과학은 그것의 미시적 기반에서 신경생리학과 생화학의 성과에 의존한다.

_코끼리 만들기! : 통합의 개념

어렸을 적 들었던 우화 가운데 '코끼리와 여섯 사람의 소경'이라는 이야기가 있다. 코끼리 한 마리를 놓고 여섯 사람의 소경이 저마다 어느 특정한 부위를 만져보고는 '코끼리는 이렇다!'고 말했다. 옆구리를 만진 이는 '코끼리는 마치 벽과도 같다'고 하고, 코를 만진 이는 '코끼리는 마치 뱀과 같은 존재'라고 하고, 다리를 만진 이는 '나무 같은 코끼리'를 상상하고, 귀를 만져 본 이는 '코끼리는 부채 같다'고 하고, 상아를 더듬고 난

이는 코끼리가 '창과도 같은 존재'라고 하고, 꼬리에 손을 댔던 사람은 '코끼리는 밧줄과 같은 존재'라고 말한다. 이 우화의 원래 가르침이 무엇이었는지는 생각이 나지 않는다. 그러나 필자는 과학이 이와 비슷하다는 사실을 말하려 한다. 어느 과학도 혼자서 자연이나 세계 전체를 파악하지 못한다. 심지어 우화에 등장하는 것과 같은 코끼리 한 마리라도 그것을 완전히 파악할 수 있는 단일한 과학은 존재하지 않는다. 과학이 발달한 21세기에도 사정은 똑같다. 코끼리라는 존재 자체의 다면성 그리고 코끼리가 우리에게 의미하는 바의 다양성 때문이다. 특정 문화권에서 흰 코끼리가 신성한 동물로 간주된다는 사실은 인문학자의 관심사일 수 있겠지만 반면에 코끼리가 인도의 노동력에서 차지하는 비중에 관한 이야기는 사회과학자의 몫이다.

그러나 만일 코끼리 피부의 특징이나 코끼리 숭배의 역사가 아니라 '코끼리' 전체를 알고 싶다면, 우리는 이런 다양한 관점과 다양한 시선들을 하나로 묶을 수 있어야 한다. 그것이 바로 통합(integration)이다. 통합은 근본적으로 각 부분의 특이성을 적극적으로 용납하지 않는 통일(unification)과

다르고, 다른 한편으로 단순한 다양성의 인정과도 다르다. 한편 그것은 다양한 요소들을 한다발로 묶는 것과도 다르고, 그 이상이다.

의미 있는 통합을 위해서는 먼저 각 부분의 의미가 충실하게 살아 있어야 한다. 코를 맡은 소경 즉 '코-과학'은 그것이 맡은 부분에 대해 최선의 코-전문성을 발휘하여 코 부분의 특성에 대한 정확한 정보와 깊은 통찰을 제공해야만 한다. 그리고 나서 부분들을 하나로 꿰매는 일이 필요하다. 그러나 잘못 꿰매면 코끼리가 아니라 괴물이 된다. 국소적으로 파악된 요소들이 한 마리의 코끼리를 구성하기 위해서는 전체를 포괄하는 지형도의 관점에서 부분들을 조정하고 꿰매는 통합의 작업이 필요하다. 그리고 그렇게 제대로 꿰매어 합쳐진 코끼리라야만 우리에게 코끼리로서의 가치를 발휘할 것이다.

이 이야기의 숨은 포인트 한 가지는 코끼리가 완성되기 전까지는 꿰매서 만들어진 그림이 진짜 코끼리 그림인지 잘못 그려진 괴물 그림인지 알기 어렵다는 데 있다. 각 소경의 손—이것은 각 전문 분야의 관점(perspective)으로 번역될 수 있겠다—은 그것이 도달하는 범위 안에서 움직이고 탐구할 수 있기 때문이다. 그러나 이런 한계를 뛰어넘을 수 있도록 하는 것이 소통이다. 소경들은 서로 묻고 대답하고 더불어 너스레를 떨면서 서로에게 귀를 기울임으로써 자기가 만져서 알아낸 '창 같은 코끼리'가 '부채 같은 코끼리'와 '뱀 같은 코끼리'와 어떻게 연결되어 있거나 인접해 있는지 차츰 알아차리게 된다. 이것이 바로 소경들이 코끼리를 만들어내는 방법이다.

앞으로 어디서든 문제를 만나면 그 문제가 과학의 지형도 속에서 어디쯤에 위치하는지, 또 어느 범위까지 펼쳐져 있는 문제인지 생각해 보도록 하자. 어떤 전문 분야들이 각각 어떤 위치 관계와 거리의 조건 아래에서 이 문제의 해결에 동원될 수 있을지, 그리고 이런 분야들간에는 어떤 상호보완적 협력이 기대되고, 반면 어떤 지점에서 경쟁이나 갈등이 예상되는지 내다보도록 하자. 당신이 어떤 수준에서 일하든 그런 지형도의 감각을 발휘한다면 한층 더 재미나게 문제풀이의 게임을 즐길 수 있을 것이고, 어느 분야에서든 당신의 능력은 점점 더 CEO의 덕목에 다가가고 있을 것이다.

참고문헌

- 고인석 (2000), 「과학의 조각보 모델 : 통합된 과학의 구상」, 『철학』 3권 2호.
- ______ (2006), 「화학은 물리학으로 환원되는가?」, 『과학철학』 8권 1호.
- 김영식(1999), 『과학사신론』, 다산출판사.
- 김영식 · 박성래 · 송상용(1992), 『과학사』, 전파과학사.
- 김용준(2005), 『과학과 종교 사이에서』, 돌베개.
- 김희준(2003), 『김희준 교수와 함께 하는 자연과학의 세계』 1, 2, 궁리.
- 남경희(2006), 『플라톤 : 서양철학의 기원과 토대』, 아카넷.
- 닐 캠벨 등(2005), 『생명과학 : 이론과 현상의 이해』(제4판), 라이프사이언스 (김명원 등 옮김).
- 로빈 헤니그(2006), 『정원의 수도사 : 유전학의 아버지 멘델의 잃어버린 삶과 업적』, 사이언스북스 (안인희 옮김).
- 로이 포터(1999), 『2500년 과학사를 움직인 인물들』, 창작과비평사 (조숙경 옮김).
- 리처드 도킨스(2002), 『이기적 유전자』, 을유문화사 (홍영남 옮김).
- 리처드 파인먼(2004), 『파인먼의 물리학 강의』 1, 승산 (박병철 옮김).
- 마이클 머피 등(2003), 『생명이란 무엇인가 : 그 후 50년』, 지호 (이상헌 등 옮김).
- 모리스 클라인(2006), 『수학, 문명을 지배하다』, 경문사 (박영훈 옮김).
- 베르너 하이젠베르크(1982), 『부분과 전체』, 지식산업사 (김용준 옮김).

- 브라이언 그린(2005), 『우주의 구조 : 시간과 공간, 그 근원을 찾아서』, 승산 (박병철 옮김).
- 소광희 등(1994), 『현대의 학문 체계』, 민음사.
- 스티븐 제이 굴드(2002), 『풀하우스』, 사이언스북스 (이명희 옮김).
- 아리스토텔레스(2006), 『니코마코스 윤리학』, 이제이북스 (이창우·김재홍·강상진 옮김).
- 알프레드 노스 화이트헤드(2003), 『과정과 실재: 유기체적 세계관의 구상』, 민음사 (오영환 옮김).
- 양승태(2006), 『앎과 잘남 : 희랍 지성사와 교육과 정치의 변증법』, 책세상.
- 어니스트 네이글(2001), 『과학의 구조』, 아르케 (전영삼 옮김).
- 에르빈 슈뢰딩어(2001), 『생명이란 무엇인가』, 한울아카데미 (서인석 옮김).
- 에른스트 마이어(2002), 『이것이 생물학이다』, 몸과마음 (최재천 등 옮김).
- 요한네스 히르쉬베르거(1983), 『서양철학사(상)』, 이문출판사 (강성위 옮김).
- 이면우(2003), 『천문학 탐구자들』, 살림.
- 이언 해킹(2005), 『표상하기와 개입하기』, 한울아카데미 (이상원 옮김).
- 장회익(1998), 『삶과 온생명』, 솔.
- 제라드 피엘(2003), 『과학의 시대! : 과학자들은 비밀과 원리를 어떻게 알아냈는가』, 한길사 (전대호 옮김).
- 제레미 리프킨(1999), 『바이오테크 시대』, 민음사 (전병기 등 옮김).
- 제임스 왓슨(2006), 『이중나선』, 궁리 (최돈찬 옮김).
- __________ (2003), 『DNA: 생명의 비밀』, 까치글방 (이한음 옮김).
- 찰스 길리스피(1999), 『객관성의 칼날』, 새물결 (이필렬 옮김).
- 칼 세이건(2001), 『악령이 출몰하는 세상: 과학, 어둠 속의 작은 촛불』, 김영사 (이상헌 옮김).
- 칼 포퍼(1994), 『과학적 발견의 논리』, 고려원 (박우석 옮김).

• 토마스 쿤(1980), 『과학혁명의 구조』, 이화여대출판부 (조 형 옮김).

• 프랜시스 베이컨(2001), 『신기관』, 한길사 (진석용 옮김).

• 플라톤(2000), 『티마이오스』, 서광사 (박종현·김영균 공동 역주).

• 한양대학교 과학철학교육위원회(2003), 『과학기술의 철학적 이해』, 한양대학교출판부.

• 홍성욱 등(2004), 『뉴튼과 아인슈타인 : 우리가 몰랐던 천재들의 창조성』, 창작과비평사.

• 홍성욱 편역(2006), 『과학고전선집 : 코페르니쿠스에서 뉴튼까지』, 서울대학교출판부.

• Abraham Pais (1991), *Niels Bohr's Times : In Physics, Philosophy, and Polity*, Oxford University Press.

• Antoine-Laurent Lavoisier (1789), *Traité Élémentaire de Chimie* (영어판 : Elements of Chemistry, Dover 1965).

• Daniel C. Dennett (1996), *Darwin's Dangerous Idea: Evolution and the Meanings of Life*, Simon & Schuster.

• Eric Scerri (1994), "Has Chemistry Been At Least Approximately Reduced to Quantum Mechanics?," *PSA* 1994.

• Ernst Mayr(1982), *The Growth of Biological Thought : Diversity, Evolution and Inheritance*, Harvard University Press.

• Galileo Galilei (1638/2005), *Dialogues Concerning Two New Sciences*, Running Press Book.

• Gilbert N. Lewis (1923/1966), *Valence and the Structure of Atoms and Molecules*, Dover.

• Hans Primas (19832), *Chemistry, Quantum Mechanics and Reductionism :*

Perspectives in Theoretical Chemistry, Springer.

- Isaac Newton (1672), "A Series of Quere's propounded by Mr. Isaac Newton, to be determined by Experiments, positively and directly concluding his new theory of Light and Colours", *Philosophical Transactions*, Volume 7.
- Isaac Newton (1687/1999), *The Principia: Mathematical Principles of Natural Philosophy* (I. B. Cohen과 A. Whitman이 영어로 옮김), University of California Press.
- James Shreeve (2004), *The Genome War: How Craig Venter Tried to Capture the Code of Life and Save the World*, Knopf.
- R. G. Woolley (1978), "Must Molecule Have a Shape?," *Journal of the American Chemical Society* 100.
- Thomas S. Kuhn(1957), *The Copernican Revolution: Planetary Astronomy in the Development of Western Thought*, Harvard University Press.

- http://chemed.chem.purdue.edu/genchem/topicreview/bp/ch6/quantum.html
- http://en.wikipedia.org/wiki/Lewis_structure
- http://en.wikipedia.org/wiki/Mutationism
- http://en.wikipedia.org/wiki/Quantum_number
- http://www.academie-sciences.fr
- http://www.chem.swin.edu.au
- http://www.royalsoc.ac.uk
- http://www.ugcs.caltech.edu/~plavchan/ses158/crucial.htm

찾아보기